WHY YOU ALWAYS
LET A CHANCE SLIP BY?

你为什么总是错过

刘瑞军◎著

北京理工大学出版社
BEIJING INSTITUTE OF TECHNOLOGY PRESS

图书在版编目(CIP)数据

你为什么总是错过/刘瑞军 著.—北京:北京理工大学出版社,2010.11

ISBN 978-7-5640-3891-5

Ⅰ.①你… Ⅱ.①刘… Ⅲ.①成功心理学-通俗读物　Ⅳ.①B848.4-49

中国版本图书馆 CIP 数据核字(2010)第 210641 号

出版发行/北京理工大学出版社

社　　址/北京市海淀区中关村南大街 5 号

邮　　编/100081

电　　话/(010)68914775(办公室) 68944990(批销中心) 68911084(读者服务部)

网　　址/http://www.bitpress.com.cn

经　　销/全国各地新华书店

排　　版/北京精彩世纪印刷科技有限公司

印　　刷/北京科信印刷厂

开　　本/710 毫米×960 毫米　1/16

印　　张/15.5

字　　数/185 千字

版　　次/2010 年 11 月第 1 版　2010 年 11 月第 1 次印刷　　责任校对/王　丹

定　　价/28.00 元　　责任印制/边心超

前言

Introduction

没有谁的一生是万无一失的，错过的一幕幕时常会出现在我们的人生中，这可以说是一种人生常态。比如，十分喜欢一件衣服，因为犹豫所以放弃了购买，等到深感后悔，下次再来到商场时，衣服已经出售，剩下的全是一些不起眼的衣服；由于自己的粗心大意，把偶像演唱会的门票随便夹在了书架的书中，等到演唱会当天把家里所有的书都翻遍了，费了九牛二虎之力找到后却发现"现在去已经散场了"……

人生错过的剧情又何止这一两种，而且也不都是这样的小事情，也有因为一个过失、一个忽视、一个粗心、一个怯弱、一个犹豫……错过了欢乐，错过了重点学校，错过了晋升机会，错过了尽孝机会，错过了拥有最爱的人的机会……

当错过不断在我们的生活中上演时，我们要做的并不是无奈地接受它，然后习惯它。每一次无奈的接受我们都要铭记在心，避免同样的错误再出现。只有避免了一错再错，才能努力将错过带来的"失"转化为"得"。

每一次的错过，人们都难免在心中抱怨：我的人生啊，为什么会这样，为什么会这样充满了错过？我错过了太多的东西，永远也无法知道那个时候得到是什么滋味……

然而，新的一年到来，人们似乎并没有在抱怨中得到重生，错过依然会再现，并且是不止一次地在人们的眼前“耀武扬威”……

错过→抱怨→后悔→再错过……

这就像是一个圈，深深地把很多人套了进去，任凭人们怎样转圈圈也始终出不来；这更像是一个旋涡，人们在不断的循环中向深渊滑落，挣扎显得是那么的无力……

就这样，人的一生在错过中度过。

没有人喜欢错过，也不想被错过的一生苦苦折磨，于是，有人会在后悔时说：如果我们回到第一次的错过，改变了结局，从而紧紧握住，那么之后是不是整个人生的结局就是另一番景象了呢？

其实，改变错过无须回到过去，及时把握当下才是最重要的，当下的努力可以补救，当下的努力可以重新开始。生命的每一个当下都是一个新的起点，把握不好，就又是一轮错过循环上演……

《你为什么总是错过》告诉你：你为什么会错过，为什么频频被错过折磨？

《你为什么总是错过》告诉你：对于上一个错过耿耿于怀，终日抱怨，只会在抱怨中再一次地错过……

《你为什么总是错过》告诉你：把握当下，少一些错过，也许人生就少一些遗憾，多一分欣慰，少一些抱怨，多一些欢愉……

作者

2010.11

目录

Contents

目录

第一章

错过快乐，

只因你缺乏嘴角的一抹

微笑

人活一世，追求功名、追求财富、追求权力、追求爱情、追求尊重与敬仰……为的是什么？

其实，快乐两个字就足以概括了。

不论是物质追求还是精神享受，最终都是为了能够让自己在享受中得到真正的快乐与幸福。而快乐的定义并不仅仅只是钱财或功名，更或者是一味地占有，当你皱着眉头往山顶冲时，你已经在不断地错过身边唾手可得的快乐。

快乐是什么？其实就是你嘴角的一抹微笑，它可以源自生活的各个方面，与富裕或贫穷无关，与功名或权力无关……

1. 你的悲观让你错过了微笑

假如你预期某事会有不妙的结果，结果也许就真的不妙，悲观的想法很少落空。

——美国企业家、安利公司创始人之一理查·狄维士

有这样两个青年，一个叫小宝，一个叫小昊，他们两个从小住在一个村子里，是一对很要好的朋友。小宝是一个豁达开朗的人，无论面对什么样的困难都会表现出乐观积极的一面，他认为只要笑口常开，好运自然来，人们给他起了个外号叫“笑宝”。小昊是个有点谨慎过分的人，总是担心有什么不好的事情发生在自己身上，看到别人遇到困难的时候他总是在想：“如果我遇到这样的困难我可怎么办啊？”

小宝和小昊一起上了小学、中学、大学，最后一起毕业了，毕业一年之后竟然在一个城市遇到了，这真是让人意想不到啊！他们决定找一个工作，并且在同一个公司上班，这样他们就可以每个周末的时候在一起吃饭、喝酒了。

这天他们得知有一家公司在招聘销售员，于是他们一起来到这家公司面试，经理首先把小宝叫到了办公室。

经理：“从你的简历上看出你以前也是做销售的，你对你以前的团

队有什么样的看法?”

小宝:“我以前的团队非常的优秀,每个人都会互相帮助,在遇到一个比较难的单子的时候,我们都会一起想办法,我们那个团队真是太完美了!”

经理笑着说:“看来你对销售这个工作很有热情啊!我们需要的就是你这样的人,好吧,我们这里正好缺一个销售主管,就由你来担当这个职位吧。”

经理把小昊叫到了办公室,也向小昊问了同样的问题。

小昊:“我做销售已经有一年多了,说实话,对于之前的那个团队,真是太糟糕了,每个销售员都特别的自私,总想着自己能够拿到更多的单子,根本不管别人的死活。”

经理:“如果当时你是销售经理的话你会怎么办呢?”

小昊:“如果当时我是销售经理的话,我肯定会辞职,那样的局面相信谁也收拾不了!”

经理皱了皱眉头说:“好吧,作为销售员主要靠的是业绩,你可以来我们这里先试用一段时间。”

小宝和小昊都被录取了,差别只是职位不同。

在接下来的工作中,小昊每天都去拜访客户,可总是遭到客户的拒绝,有的客户根本不让小昊进屋,甚至把小昊从办公室撵了出来……渐渐地,小昊不再去拜访客户了,每天从公司出来就去公园的长凳上坐着发呆,他觉得现在的人太可恶了,这样活着真是太累了……

小宝虽然是销售主管,可是为了提高团队的销售业绩,每天还是坚持去拜访客户,虽然遭遇了和小昊一样的情况,但是他想:我的客户就在下一个,虽然他拒绝了我们的产品,那是因为他还不了解我们的产品,相信总有一天他会选择我们的产品的。

小宝就这样乐观地坚持着。半年之后,他带领的团队取得了良好的成绩，在该地区被评为销售精英团队。在表彰会上他们兴奋地拍了一张照片，只是照片中少了一个人，那就是小昊，三个月前他由于对目前工作的怀疑辞职离开了公司，之后换了好几份工作都没有太大的成就，最后回到了老家。

乐观与悲观，有时候就像一对兄弟，有着同一股血脉，均来源于人的心态，人对于人生的态度，正是因为拥有了不同的心态，导致了即使是兄弟也会有的不同结局。

同样的境遇、同样的经历、同样的赐予，但却因为一个是乐观，一个是悲观，而注定了这样相差千里的结局……

把握当下，不再错过

一个人悲观的原因有很多，但究其原因大多都是心态的问题，你可能留恋过去的美好太多，该放弃的却始终不愿或者不舍得放弃，总是认为别人的生活一直那么的美好，而自己的却是一团糟。比如，当你去逛商场时丢了一百块钱，你可能会想："今天怎么这么倒霉啊!"并为此生一天的闷气，始终想着如果这一百块钱没有丢的话，你会怎么样怎么样……如果从另一个角度去想这个问题会怎么样呢？"真不小心，可能是我掏钥匙的时候不小心弄丢的！下回一定要注意!"从另一个角度去看这个问题，你会发现事情原来并不是那么的糟糕，多想想产生这个问题的原因，解决这个问题的方法，这样你就不至于陷入不可自拔的埋怨中，也就不会悲观地对待这些事情。

在生活中，有的人在遇到一些挫折后可能会一蹶不振，有的人却越挫越勇，这是多么大的一个区别！试想一下，如果你在追求你喜欢的人的时候，遭到了对方的拒绝，你会怎么办呢？是继续追求对方还是放弃？如果你选择了放弃，那么你可能会觉得你不够完美，不能够获得对方的芳心，并由此对你自己的才貌产生怀疑，这就是一个悲观

的想法。而如果你选择了继续，可以肯定的一点就是你对自己非常有信心，也许你现在无法获得心爱的人，但是你认为通过自己的努力，终究有一天你会俘获对方的心，你相信自己有这个能力，所以你会继续。选择继续还是放弃这就是一个心态的问题。同样的道理，有很多的事情可能让你觉得很难过，但是如果你以一个积极的心态去面对这件事情，你会觉得前面的路虽然崎岖但还是光明的。

消除自己的悲观情绪有很多的方法，首先我们应该对自己充满信心，乐观地去面对每一个挫折。在我们成长的道路上，挫折及一些困难本身就是我们必经的炼丹炉，只有经过这样一次次的考验，我们才会更加成熟、健壮，慢慢地强大起来。

其次，在你遇到挫折的时候请不要太过于留恋以往美好的东西，回忆固然重要，但都已经成为了过去。在你受到挫折的时候，如果你总是和以前的美好和顺利做对比，那么不免就会产生消极的心态，沉浸在美好的回忆当中，对当前的挫折难免产生悲观的心态。

最后，不妨为自己设定一个目标，朝着自己的目标进发，从积极的一面去看待每一个挫折和困难，不要总是抱怨上天对你的不公平，想想解决问题的方法，相信自己是最棒的，这样你会更加清楚地看到光明，牢牢地把握住现在。

2. 生活就像一面镜子，关键是你的表情

我只知道，假如我去爱人生，那人生一定也会回爱我。

——俄罗斯著名钢琴家、教育家、作曲家安东·鲁宾斯坦

在一片森林里，住着一群相亲相爱的动物，有大象、兔子、刺猬、蚂蚁、蜗牛等。

大象是这群动物中个头儿最大的，而且大伙儿都觉得它挺有学问，因此都很乐意听它的话。

有一天，大象召集大伙儿来开会，讨论怎样让森林里的每一个伙伴都很快乐，大伙儿觉得这个主意挺好，于是都开动脑筋，想想自己该怎样做才能把快乐带给朋友们。小鸟最性急，它唧唧喳喳地首先发言："我愿意为朋友们唱好听的歌！"大象接着说："呵呵！谁有干不动的活，我愿意帮助它！"刺猬的个儿虽然小，但它也挺起了胸膛，昂起了头说："哪儿有垃圾，我愿意为朋友们清扫道路。"小白兔也忙说："我愿意为朋友们送信、传消息。"小蚂蚁呢，它也尽可能地扯着嗓子大声地说："下大雨前我愿意尽快提醒朋友们赶紧回家。"大家说得正热闹，谁也没注意到小蜗牛。小蜗牛的心里这会儿可着急了，因为自己整天

背着个沉重的壳，只能在地上慢慢地爬，别的什么事也干不了。它觉得自己不能做什么来帮助朋友们，于是低着头，红着脸，轻轻地爬走了。

一天，一群小蚂蚁正在搬东西，它们从小蜗牛身边走过时，小蜗牛友好地朝它们微笑，小蚂蚁也微笑着向小蜗牛打招呼。一只小蚂蚁说："小蜗牛，你的微笑真甜呀！"小蜗牛听了高兴极了，心想："对呀，我虽然没什么本领，但可以对朋友们微笑呀，微笑不是也会让大家感到快乐吗！"后来再一想也不对呀："朋友们各有各的事，都忙着呢，总不能让大家放下手中的活儿，专门跑来看我微笑吧！"这可真让小蜗牛为难了，后来它想啊想，终于有了一个好主意，它慢慢地往家里爬去。

第二天，小蜗牛把厚厚的一叠信交给了小白兔，让它给森林里的每一位朋友送去。朋友们拆开信，里面有一幅画，画的是一只正在甜甜地微笑着的小蜗牛，画下面还有一行字："当您觉得孤单或者不快活的时候，请记住您的朋友小蜗牛，正对着您微笑呢！"朋友们都说："小蜗牛真了不起！"因为它把微笑送给了整个森林。小蜗牛难为情地说："可是当我把快乐带给朋友们的时候，我自己也很快乐啊！"

我们都是自己心情的领导人，自己的心态主宰着自己的心情和周围的环境。

快乐，不仅是自己的，也会带给身边的人。给别人一个微笑，可以送给别人一个好心情，也会给自己带来一份舒畅。

笑，很简单的，只要轻轻牵起嘴角，就会产生一个灿烂的微笑。

把握当下，不再错过

镜子是一个最忠实的展现者，你带给它什么样的事物，它就呈现给你什么样的风景。把你的表情毫无保留地表露在镜子面前吧，微笑、哭泣、明媚、忧伤、愉悦、难过……生活就是如此的丰富多彩，你有多少种表情，你就有多少种可能的生活轨迹。

在生活的镜子面前，你可以选择哭泣，也可以选择微笑；可以选择难过，也可以选择释怀。生活可以给你带来很多东西，却不会平白无故地带给你更多东西，什么都是靠自己去争取的。境由心生也是这个道理，你选择给自己的脸上戴上什么样的色彩，环境就回馈给你什么样的颜色。

微笑在生活中往往是最厉害的武器。难过时，别人会对你微笑；哭泣时，别人会帮你擦去眼角的泪水；受伤时，会有朋友的关心。微笑，你就不是一个人，你就会发现自己生活在朋友的关心之中。真诚的微笑可以化解矛盾，可以消融误会，可以结识新的朋友。

没有人会拒绝笑容，所以不要吝啬你的微笑，也许会有人因为你的微笑而释然开怀。微笑转瞬即逝，但它永远留在人们的心间。把微笑带给别人，你的态度全都在这个笑容里了，生活看得到你的笑容。

每天清晨醒来，站在镜子面前，给自己一个微笑，你会发现，窗外阳光灿烂。出门时脸上带着微笑，你会发现，周围的人都是那么的和蔼亲切。微笑，让敌人成为朋友；微笑，让陌生人变得亲近。微笑是一种美，更是一种生活态度，能够让自己积极向上，让别人心情愉悦，保持微笑，何乐而不为呢。

微笑，能够让你更自信。日常交谈中，如果你以微笑的姿态出现在别人面前，至少会掩饰你内心的真实想法，包括你的恐惧感。微笑代表着，我喜欢你，你使我快乐，我很高兴见到你。从内心散发出来的微笑，一定伴随着人的自信，自信在微笑中得到回报，在微笑中得到扩展。所以你需要在自信时保持微笑，也可以在微笑中得到自信。

生活就是一面镜子，关键在于你的表情。让自己自信地面对生活，让生活微笑着眷顾你吧。

3. 快乐其实就是换一个角度去看

各人有各人理想的乐园，有自己所乐于安享的世界，朝自己所乐于追求的方向去追求，就是你一生的道路，不必抱怨环境，也无须艳羡别人。

——法国思想家、文学家罗曼·罗兰

从前，有一对落了难的兄弟，哥哥的名字就叫“老大”，弟弟的名字就叫“老小”。他们相信天上有神灵，于是每天必做的事情就是向上天祈祷。

老大常说：“感谢上天，可以给我和弟弟活着的机会，我会更加努力地活下去的……”

老小则常抱怨说：“上天啊，你为何如此不公，让别人有家宅数座，奴仆数十、数百，车马代步，而我却是两手空空，与同样可怜的哥哥一起流浪，过着如此不堪的生活，让我们活在绝望之中……简直生不如死……”

不知是因为老大的虔诚，还是因为老小的抱怨，上天终于派来了一个神灵来赐予他们礼物。

在接受礼物之前，神灵说："请分别在这两个盆中洗去手上的尘埃，再接受上天的赐予吧！"

于是，两人高高兴兴地去洗手，洗完之后，水仍然十分干净。

老小便再次去洗，一遍遍地搓着说："怎么我手上的脏东西洗不掉呢？水还是这么干净。"

而老大却说："呵呵，看来我的手一点儿也不脏啊，不然水怎么会这么干净。"

接着，神灵安排兄弟二人在天上学习种植技巧，以便接受那个神圣的礼物。几天后，两人又在一起洗手，这次手刚一放进去，水立刻变得混浊起来。

老小说："天哪，我的手怎么这么脏，竟然把水洗成这么混浊？"

老大说："哈哈，水变得这么脏，我终于把手上的脏东西洗掉了……"

最后，到了接受上天所赐予的礼物的时候，兄弟两个兴奋不已。神灵说了一句"下面就去接受上天给你们的礼物吧！"便消失了，接着，兄弟二人便神奇般地分别到了一个山头上——原来，这座荒凉的、光秃秃的山与一间茅草屋就是上天赐予他们的礼物。

老小看到后深叹了一口气：我想我这辈子算是完了，连上天都玩弄我，让我来到这没有人烟的秃山上，看来，我只能在这里了此残生了。于是，他便开始在山顶上为自己修建坟茔。

而老大呢，他兴奋地指着茅草屋说："天哪，这以后就是我的房子了，我有家了，不用再流浪，这个茅草屋足以遮风避雨了。天哪，我还有这整座山，幸好我在天上学习了种植技巧，它会因我的双手而变得美丽，这个世界上恐怕没有谁家的园子比我的园子更大了。我的幸福生活马上就要开始了……"

从此，老大日升而起，日落而息，辛勤劳作，在山坡上种了好多绿色的树苗，在茅草屋附近种植了足够自己吃的蔬菜。为了避免狂风暴

雨来临时茅草屋会摇摇欲坠，他不断地从山坡上搬来石头，在茅草屋旁边盖了一间结实牢固的房子。

转眼三十余年过去了，老大除了悠闲自在地享受着自己的生活，每天还不忘感谢上天给了他和弟弟这样的幸福生活。

然而，弟弟的生活并不像哥哥想象得那么美好，弟弟也老了，他带着对这个世界的愤恨走进了坟茔，就再也没有走出来。

弟弟的山，还是一片秃山。

哥哥的山，却是最美丽的山，花常开，树常青，水常流，是一个人人可望而不可即的美丽家园。

快乐是用心来做尺子的，尺子的刻度需要我们自己去衡量，从不同的角度去衡量这个刻度，会拥有不同的人生。

人生漫长的旅途上谁都不可能一帆风顺，任何人都会在生命的征程上遇到挫折和困境，命运是祸是福、是好是坏，关键在于你以怎样的心态去看待。我们需要善待自己，自强不息，换个角度看问题，换种心情看风景。

人生何处不飞花，换个角度，便会产生另一种哲学，另一种处世观，收获另一种快乐。这是快乐的艺术哲学。

把握当下，不再错过

快乐其实很简单，凡事只要换一个角度，我们就会发现生活中其实并不缺乏快乐，我们缺少的只是发现快乐的眼睛和感悟的心灵。每个人在生活或者工作中都会遇到一些不顺心的事情，对待同一件事，你对它微笑，也许快乐和成功就在前面向你招手；如果你对它憎恶相加，它又为什么要施舍快乐和机会来讨好你呢？总是盯着事物的负面，你损失的就不仅是现在的心情，连沿途美好的风景都有可能被错过。

快乐是一天，不快乐也是一天。你只要生气一分钟，便丧失了60秒钟的快乐。我们每天遇到的事物，都包含有成功快乐的因素，这取决于个人决定，你的心态决定了你的心情。每个人都可以通过改变自己的态度来改变自己的情绪和行为。

当我们偶尔对人生失望，对老天爷的不公进行抱怨，对自己过分关心的时候，想想你所拥有的一切吧。上帝总是公平的，我们付出多少，“他”总会通过不同的方式回报我们多少。不要着眼于一点而纠缠不清，人生的列车总是在前进，我们要把眼光放得足够长远，用愉悦的心情过好每一天。

如果能用快乐的心情做事，用善良的心肠待人，以平常的心态对待工作，不管生活中的成功与失败、得意与失意，你的生活就一定会比别人快乐很多。

学会换一种角度看待人生、收获人生的哲学。每一件不如意的事，总有其闪光的一面，打开心结，以理智的态度对待生活，那么快乐就在触手可及的地方。

各人有各人理想的乐园，有自己所乐于安享的世界，只要朝自己追求的方向迈进，不抱怨和纠缠于环境，也不艳羡别人，让自己保持像孩子一样的纯洁的心灵，对别人宽容，对自己微笑，这就是获得快乐的秘诀。

换一个角度，换一种心情，把阴郁赶出去，让阳光永驻你的心田。

4. 从当下开始，抓住每一次笑的元素

当他微笑时，世界爱了他；当他大笑时，世界便怕了他。

——印度诗人、哲学家泰戈尔

在美国纽约附近的一个小镇上，住着一个13岁的少年，他很有运动天赋，可他的快乐生活和意志却使他的生命看起来有点悲壮。

少年足球、篮球样样精通，在中学时就已经是学校的主力队员，可不幸的是少年患了一场大病，还迅速转化为癌症，腿在病后也瘸了。

所有的朋友都为少年感到难过，但是他却总是能够微笑着面对家人和朋友，还有病情。他并没有因为不能踢球而变得郁郁寡欢。当他拄着拐杖回到学校的时候，他高兴地告诉朋友，说他会装上一条木头做的腿，可以用袜子把图钉固定在腿上。朋友们围着他大叫大跳，高兴地庆祝他的回归。生活并没有因为他缺了一条腿而有所不同。

虽然不能够踢球了，但是他找到了教练，希望能够不离开球队，他申请担任校队的管理员，帮助队友们准备衣服和水，为教练准备训练用的沙盘模型。他的要求得到了教练的允许。接下来的日子里，他每天按时到场，为每个运动员准备好必需品，把一切活动打理得井井有

条。所有的队员都被他的毅力所感染，于是就更加努力地投入到了训练当中。

有一天，男孩没有到训练场，队友们都很着急，不知道发生了什么事，后来才听说，那天男孩的癌细胞又扩散，他只有不到两个月的生命了。这个男孩仍然坚强和乐观地活着，每天给伙伴们带去欢乐，用笑容鼓励着每一个队友。在他的带动下，足球队发挥良好，一直保持着全胜的纪录。队友们举行了庆功宴，准备在冠军足球上签名送给男孩，可是那天男孩又失约了。

一周后，男孩去世了。他一直都知道自己的病情，可是他没有被病魔打败，他坦然面对病魔，在那样艰难的环境里保持乐观的心态，把微笑带给身边的每一个人。

我们的生命虽然是短暂的，但是在任何时候，我们都应该保持自己内心的那份坚定和勇气。对于不可逆转的命运，我们无可奈何，但是我们可以把握自己的生活态度，微笑着面对所有的苦难。

生活不完全是公平的，一个人的情绪受环境的影响也很正常，但是我们没有必要一副苦大仇深的样子，因为这样不仅对现实毫无帮助，还会加重我们的挫折感，只会让自己更沮丧、更难过。

如何在有限的时间里，寻求最大的幸福和快乐呢？那就要从当下开始，抓住每一个快乐的元素。

把握当下，不再错过

生活千奇百怪，生活同样也多姿多彩。生活不拖欠我们任何东西，所以没有必要总是苦着一张脸。当你谈论生活的时候，应该对生活充满了感激，因为至少你现在还在生活，还能生活，它给了我们生存的空间和时间。

面对生活的挑战和赐予，我们应该选择时刻保持微笑。微笑是一天，难过也是一天，世界不会因为你的悲伤难过而停止前进。难过，你就是在浪费自己开心的权利，只能伤害自己和亲朋好友们。

微笑，能帮助我们战胜挫折，走出困境。我们如果不能避免失意的事情发生，那么就改变自己的心态吧。浮躁、难过、愤懑、颓废都是无用的，那就是在浪费自己的时间和生命，谁也改变不了已经发生了的事实，与其抱怨，不如潇洒一笑。我们不是不在乎，只是在表明我们有能力解决一切困难。

微笑，让我们更自信。当你疲惫不堪时，当你面对拦路虎时，当你面对陌生人和陌生的环境时，不用害怕，扯扯嘴角，露出你洁白的牙齿，让一抹灿烂的微笑挂在脸上吧，这只会让你更自信，让别人对你更佩服。没有什么困难可以难倒一个乐观积极的人。保持微笑，继续自信！

那么，怎样才能让自己抓住每一个微笑的符号呢？也许是早起后的一缕阳光，一声亲切的问候；也许是午后的一阵小憩，一杯清茶；还可以是黄昏后的一次散步，一次倾心的交谈。如果你喜欢安静，可以聆听自己喜欢的音乐，品上一杯香茗或泡一杯浓香的咖啡，随手翻阅一本杂志，无疑是人生的一大乐趣。如果你喜欢忙碌，一次专注，一次投入，左手端着豆浆，右手拿着面包，急匆匆的脚步，忙碌的人群车流，也是可以自得其乐的，只是要注意休息哦，工作休息两不误，才是人生的最大享受。

保持微笑，抓住每一个快乐的元素，关键在于心态。

自我感觉高兴了，谁敢说你不开心。快乐是自己的，学会体会生活的细节，学会享受生活的苦乐，苦味也会那么甜。享受生活给予我们的，不要遗憾沿途错过的风景，不需要为太阳的落下而流泪，因为那样只会让你遗失整个星群。

5. 身体在笑时,心灵也会跟着笑

在脸上放一个大大、宽宽、诚实无欺的笑容,把双肩向后拉直,好好地、深深地吸上一口气,再唱上一段歌儿。若是不会唱歌,就吹个口哨;若是不会吹口哨,就哼个曲子。

——人际关系学大师戴尔·卡耐基

小敏莫名其妙地被炒了鱿鱼。老板吩咐她下午就去财务室结算工资,然后走人。小敏很难过。中午她坐到公园的长椅上黯然神伤,一边抱怨老板的不公,一边为自己的前途问题烦恼,另外还要想办法避免母亲的唠叨。

过了好久,小敏才发现旁边站着一个男孩,一直不走。小敏很奇怪,问小男孩:"你一直站在这里做什么呢?"

"这条长椅刚刚刷过油漆,我只是想看看等你站起来时,你背上会是什么样子。"小家伙大声说,还一本正经地等着看"好戏"。

小敏怔了怔,然后,她笑了。

她恍然大悟,这个天真烂漫的小家伙想看她背上留下的油漆,那么一样的,她昔日的精明世故的同事也会等着看她被辞退后落魄和失意的窘状。

她丢了工作，可不想再失掉尊严与笑容。

好工作，多的是，只要自己够努力，幸运之神总会眷顾自己的。此处不留爷，自有留爷处。前途都是靠自己打拼出来的，自己选择了方向，就勇敢地往前走，走出那么一条路来。至于母亲的唠叨嘛，天下父母都是心疼自己的孩子，所以才会唠叨个不停。自己要做的就是向他们证明自己有能力养活自己，还要实现自己的价值，只有自己相信自己，才能让父母放心。

小敏亲了亲那个小家伙，然后转过身去，对小家伙说："不好意思哦，小朋友，我刚才可没有靠着椅背，所以没有留下油漆印可以看。"

下午回到公司的时候，小敏面带灿烂的笑容与自信。可以想象得到，等待看好戏的同事见到的是怎样一个快乐而勇敢的人。

生活中的挫折和尴尬处处可见，就像那油漆未干的椅背。走上社会，就会不可避免地碰到它。如果有一天，你也坐上了那把"椅子"，那么别沮丧，站起来的时候，别让别人见到你背上的油漆。失意的时候，不要用哀伤来表达自己的心情，这对改善厄运毫无用处，反而会让很多人幸灾乐祸。

有时候我们得自己保护自己，那么怎么才能让人看不到油漆呢？方法很简单，就是将那件已经沾上油漆的外套脱下来，拿在手上，然后迈开自信的步子，微笑着勇敢地走出去。

人生在世，失意之事十有八九。无论如何失意，千万别失去你自己。

扯开嘴角微笑时，一切失意的事都如过眼云烟，脸带笑容，由外表也可以转到内心，带动内心的轻松。面对挫折，还能够微笑以对，在困境中去学会感谢，你才能挣脱人生的困境，走向光明的未来。

孤独时，微笑是我们的伙伴；困难时，微笑是我们的良方；踌躇时，微笑是我们的动力；骄傲时，微笑是我们的教诲。

一个真正有价值的人，是在逆境中含笑的人。化挫折为动力，化困境为动能，身体笑时，谁说不是心灵在笑呢。

把握当下，不再错过

微笑是一张名片，真正懂得微笑的人，总会比别人获得更多的机会，比别人更容易取得成功。微笑能拉近朋友之间的关系，一个自然流露的微笑，胜过千言万语。

微笑无法伪装，心灵在笑的人，一定表现在身体语言上。身体在笑时，心灵的笑容也会更灿烂。只有心里有阳光的人，才能感受到现实阳光的美好。生活始终像一面镜子，我们哭泣，生活也在哭泣；我们微笑，生活同样朝我们微笑。微笑既不是对弱者的嘲弄，也不是对强者的谄媚。微笑既是对他人的尊重，也是对生活的尊重。

你对待人生的态度，决定了你微笑的频率。重新认识自己，学会感谢，跟逆境干杯，向敌人致敬。用感恩的、乐观的心态接受面临的一切挑战。

能激发人的潜能的往往是面临困境的时候，困境常常是创作的来源。面临逆境，要有乘风破浪的激情和勇气，然后才更能体会困境后的安详、逆境后的宁静带给你的那份欣慰。你的微笑，是对自己的负责，是对他人的善良。相信微笑，没有什么大不了。山穷水尽后，总有柳暗花明时，你需要的就是从内到外，保持微笑的感觉和心态。

面对成长和生活中的坎坷，只要不放弃希望，我们可以从头再来，坚持不懈、持之以恒地追求下去。把脸迎向阳光，就不会留下阴影。美国心理学家发现，眼睛能够泄露一个人的心情，但是笑容却可以透视一个人的人生。一个笑的人大多心胸宽大，待人待物都含包容之心。快乐不是拥有的多，而是计较的少。在顺境中，笑容是对成功的嘉奖；在逆境中，笑容是治疗创伤的良方。

要克服心理的阴影和生活的沮丧，得先学会心灵的放松，微笑地面对自己，才能微笑地面对别人，最终战胜生活的焦虑。微笑，从内到外，始终如一。

我们还要学会分享快乐，这样才会加倍的快乐。独乐乐不如众乐乐。能够给周围的人带来快乐的人，必定是个达观的人，这样的人走到哪儿都会受到欢迎。

来吧，就像卡耐基说的那样，在脸上放一个大大、宽宽、诚实无欺的笑容，把双肩向后拉直，好好地、深深地吸上一口气，再唱上一段歌儿。若是不会唱歌，就吹个口哨；若是不会吹口哨，就哼个曲子。让我们的身体笑起来，让我们的心灵也愉悦起来。

第二章

错过时间，只因你没做好自己的主

问：世界上什么最贵？

答：时间。

没错，世界上最贵的东西莫过于时间，它是无法用金钱和任何东西去衡量的，在你吃饭、说话，甚至在我敲打这些文字的时候，时间都无情地从我们身边悄然流失，这些流失的时间将永远不会再回来，我们用这些时间得到的就是我们做的这些事情。

错过时间，你将错过一切，对于某些事、某些人，只有做好自己的主，才能把时间很好地利用，不再错过宝贵的时间。

1. 我们一直都在输给时间

勿谓寸阴短,既过难再获。勿谓一丝微,既绍难再白。

—— 清朝诗人朱经

小文和小雪是从小在一个村子里长大的好朋友,双方父母关系都十分要好,因此,每到逢年过节,这两个看似不相干的家庭总是会聚在一起吃饭。小文和小雪两人在双方父母的眼里是青梅竹马、命中注定的一对。

小文和小雪就这样快乐地成长着,一起上完了小学、初中、高中。在上高中期间他们彼此表达了对对方的好感,就这样他们恋爱了,他们发誓要永远在一起。

在考大学的时候,由于各自的专业不同,所以没能考到同一所大学,小文去了北京,小雪来到了陌生的西安。虽然他们之间产生了距离,但是他们约定每个星期要通一封信,而且不能用电子信件。他们在各自的学校里一直都遵守着自己当初的诺言,有时间就相互通电话,互相嘘寒问暖;每到对方生日的时候,他们就互相寄送礼物……虽然他们之间有一定的距离,但是他们一直都觉得很快乐。

一转眼大学四年毕业了，小雪想，我们现在终于可以在一起了。小文学的是汽车设计，在实习期间，当地一家很大的汽车企业聘用了他，待遇非常的优厚，如果小文留在这个企业，用不了几年他就可以买一套房子。征得小雪的同意之后，小文留在了这个企业，等赚到钱了之后就回来买房子和小雪结婚。而小雪的家里已经为她找好了工作，回到了老家在一所中学当老师，

也许是因为刚参加工作，小文每天都非常忙碌，压力也非常大。于是，他与小雪的联系由两三天通一次电话到后来的一个星期通一次电话，再后来就是一个月打一次电话。小文每次想给小雪打电话的时候，总是由于一些应酬和工作而安排在了明天，当他想起来的时候已经过了很多的明天。小雪习惯了等待小文的电话，心想“过几天他一定会打过来的”，可是过了好几天还是没有小文的消息。就这样小文和小雪之间的联系越来越少了。

转眼两年过去了，随着时间一天天地流逝，他们之间出现了误会，小雪怀疑小文变了心，小文说小雪不理解他，就这样，两人的误会越来越深，双方父母也极力地调解两个人的关系，可还是没有阻挡住两人的分手。

原本让两个人觉得很牢固的爱情，最后还是让两个人错过了，你可能认为他们是输在了爱情上面，其实他们是输给了时间，由于小文和小雪都没有能够做好时间的主，最后才会以失败告终。假如小雪不要等待，主动和小文联系，或者小文不要等待明天，想到之后就给小雪打个电话，那么，这样的爱情悲剧就不会发生。

时间对于每个人来说都是很公平的，就看你怎样去把握和利用。如果你不能够认真地对待，最终输得最惨的人就是自己。

把握当下，不再错过

在生活中，有时候我们输给时间的不仅仅是爱情，还有朋友、亲情、事业等。也许我们现在没有意识到时间的重要性，等到有一天我们失去的时候，我们会感觉到原来时间是最无情的：它不会因为你是弱者而多给你一分钟；也不会因为你是强者而少给你一分钟；不会因为你是失败者而让你从头再来，也不会因为你是成功者就让你停止脚步。在生活中你不妨静下心来好好想一想，哪些事必须做，而你却耽误了很长时间而没有做？哪些事你想做，而自认为一直没有时间做？在你做事的时候是否在认真地做？想明白了这一点相信你会把时间很好地利用，你的时间会变得更加的有价值，

你是否和你的好朋友一直保持着联系？如果你觉得你们的关系无须经常联系就能保持好，那么你就错了，时间会让每个人的记忆渐渐消退的，也许你们有时都会回忆以前的美好时光，但是随着时间的推移，你们的回忆会慢慢地变少，直到不再记起。所以有时给你的好朋友打一个电话、发一条信息，也许你就能永远保留这份情义，避免错过造成的遗憾。

你是否在很认真地做你的工作？如果你觉得你每天的工作实在是无聊至极、总想在找更好的工作的话，那么你就错了。很多年后，当你回想起这段工作经历的时候，你会发现在这段时间里，你什么都没有学到，对你以后的工作发展没有任何的帮助，完全浪费了这段光阴，没有任何的成就感。所以，请你认真地工作，努力地学习。做一件事就要把它做到最好，最后你会发现，你得到的不仅是工作经验。

……

如果你去看风景，在你非常尽兴的时候，你愿意回去等以后有空

了再来看吗？你当然不会，你肯定会在有限的时间里，用百倍的激情去享受这一片美景。所以，请把你这样的激情放在你的生活和工作当中，在重要的时间里去完成重要的事。

瑞士教育家裴斯泰洛齐曾经说过：“今天应做的事没有做，明天再早也是耽误了。”在你今天有机会、有权力做该做的事的时候，不要等到明天去做，也许明天你已经失去了这种机会和权力，把握当下才是最明智的选择，这样你就会成为时间的赢者。

2. 总是“差一点”，你就可以赶上车

在今天和明天之间，有一段很长的时间；趁你还有精神的时候，学习迅速办事。

——德国著名剧作家歌德

小田大学毕业了，终于可以找工作自己养活自己了，不用家里再给自己寄钱了，一想到这他就非常的兴奋。第二天他早早地来到了人才市场，希望在这里面能够找一份适合自己的工作。

刚来到市场里面，小田就看见有一家创意广告公司前面围了很多的人，走近一看，原来是在招聘广告设计的职位，而且要求还是应届毕业生优先。小田是学广告设计的，显然这个职位对自己特别合适。公司在这个行业也是比较有名气的，待遇对于毕业生来说还可以，如果被这个公司录用，以后肯定会有很好的发展。于是，在人山人海中，小田交上了简历，之后他顺便投了几份小的广告公司就回去等消息了。

第二天，创意广告公司通知他参加面试，小田很高兴地带着自己的简历来参加面试。首先进行的是笔试。笔试的题目大多都是自己在学校所学习过的，由于没有及时地复习，对一些原来比较熟悉的题目没有十足的把握，只能凭自己的感觉来做了。笔试完之后进行的是

面试，由于第一次参加这样大公司的面试，也没有事前做很好的准备，在面试的过程中，自我介绍时显得有点语无伦次；在回答面试官的问题时由于紧张，回答得并不是很全面，虽然面试官没有说什么，可是小田看出面试官并不是非常的满意。面试完之后，工作人员说结果一个星期后会张贴在公司门口的公布栏内。

回到住处后，小田想，如果在面试之前能够花两个小时准备这次面试，一定会非常成功的，现在只能看自己的运气了。结果很快出来了，小田的成绩和创意公司录取最后一个人的成绩只差一分，就因为这一分，小田被创意公司拒绝了。

后来，小田被一家比较小的广告公司录用，小田觉得自己堂堂一个大学生，在这家小的广告公司胜任这样的职位绰绰有余，在工作中不免有点飘飘然，对一些业务上的知识只是大概的了解，从不肯深度全面地去研究。一年之后，一场金融风暴席卷了整个地区，各个公司都在裁员，小田的公司当然也不例外，老板决定裁掉一个小组，在小田所在的组和另一个小组之间进行选择。老板制订的方案是在一个月内哪个小组业绩突出就留下哪个小组。一个月后，小田的业绩是 8 万，而小田对手的业绩是 8.5 万，正好比小田的业绩多一个客户，小田就因为差这一点而离开了这个他原先以为很小的广告公司。

小田回到了老家，正好当地在招公务员，看了一下去年的招收分数线是 156 分，也不是很高，于是他准备报考当地的公务员。小田想，只要买一些参考书好好地复习一下，一定能够考上当地的公务员。于是，小田在书店买了很多的公务员考试参考书，整齐地放在了自己的床头，每天除了帮家里干活之外就是看这方面的书。很快到了考试的时间，当交上最后一份试卷，走出教室的时候，小田感到一身的轻松，自己感觉还可以。

一个月后，成绩出来了，小田傻眼了，录取分数线是 172 分，小田考了 170 分，就差两分，那晚，他找个朋友喝了很多酒，看着酒杯回顾过去，为什么自己总是差一点呢？

在小田从毕业到最后考公务员，为什么总是差一点呢？我们看到每次都是差一点就可以成功，原因在哪儿呢？

在生活中，我们每个人都曾经遇到过只“差一点”就可以这样的事情，中学生考试，对于那些只考了 59 分的人来说，只差 1 分就可以及格；学生考大学，对于徘徊在分数线边缘而落榜的学生来说，只“差一点”就可以圆大学梦；每天坐公交，只“差一点”就可以赶上早班车，可最后还是晚来了一步；只“差一点”你就可以按时到公司，不会因为迟到而扣掉你这个月的全勤奖了……

这样的事情真的很多，为什么有那么多的人要差一点呢？我们提前准备一点、提前出发一点、提前工作一点，这样岂不更好，从而将这样的不幸全部避免掉。

把握当下，不再错过

我们这一节的主题是“总是‘差一点’你就可以赶上车”，我们先对公交车进行分析：公交车一般都是准点出发，从来不会因为你是市长、县长或者某个耀眼的明星就等你，它是一个准时准点的交通工具，为什么会只差一点就可以赶上公交车？可能是因为你多睡了那么一两分钟；走路节拍慢了那么半拍；路上只顾着看手机而没有看到前方几十米处的公交车……行动晚了那么一点点，从而你就错过了这一班公交车，一旦错过，就只能等下一班，那么这个空当的时间就只能浪费在等待上了。

在与前一班公交车相错的期间，一些结果正在发生着变化：也许就因为这等待下一班车的十几、二十分钟你的考勤表便有了不良记录；你错过了领导视察指导的重要表现机会；你错过了一个肯定你工作成绩的绩效评比会议；你错过了领导本想吩咐你做的重要事情……

于是，你错过了晋升，错过了优秀员工奖，错过了自我价值的提升……

一次错过，往往是一系列错过的因，因果循环，如果不知改过，那么就只能对着错过的一生空悲叹了！

我们应该学会从自己身上找问题，要赶公交车，那么就应当知道公交车有定点到站、隔时段发班次的特点，那么我们为何不根据公交车的特点提早出发呢？这样不就可以避免因为差一点而错过了吗？问题表面上看很简单，可是我们很多人却很难做到。

同样的道理，在我们的生活中时刻发生着这样的错过。对于一个商人，没有及时地做出决策，等到醒悟的时候已经晚了，就差那么一点就可以避免损失，或者狠赚一笔，而他却没有及时地抓住这个机遇；对于一个填补市场空白的轿车，在即将下线上市的时候，由于一个技术上的问题不得不重新修正，这样就延迟了上市的时间，而在这段修正的时间里，正好别的品牌上市了一款车，填补了这个区域的空白，占领了大部分的市场，就因为差那么一点，而错过了市场；机遇就相当于一辆准点的公交车，如果你不能及时地做好等车的准备，那么它将会开走。所以，我们一定要把握住时机，在该出手的时候一定不能犹豫。有可能当时你错过1分钟，将来你会错过1小时，甚至10小时。

郭沫若曾经说过："时间就是生命，时间就是速度，时间就是力量。"在生活节奏不断加快的今天，不要认为早上多睡一分钟没有关系，上班迟到一分钟无所谓，约会晚一点对方会理解……可能就是因为你的这种思想而让你失去了很多的东西，别人升职了，而你差一点；别人涨工资了，而你差一点；别人买车了，而你差一点。就这样，你总是比别人差一点，就是因为你不能够认真地对待每一分、每一秒，总是一副无所谓的心态，这样你能不"差一点"吗？

把握当下，珍惜分秒，别差一点，不再错过。

3. 从你不听闹钟的话，错过就开始了

没有方法能使时钟为我敲已过去了的钟点。

——英国浪漫主义文学家拜伦

在一个茂密的森林里，住着猫头鹰、喜鹊、麻雀、画眉等鸟类动物，喜鹊是一种很勤快的鸟，它每天很早就开始叫森林的动物起床，开始当天的工作。

这是一年冬天的某个早晨，喜鹊像往常一样很早就起床了。它开始叫大家起床工作，所有的动物听到喜鹊的叫声后，很习惯地起床开始了今天的工作，可是没有见猫头鹰的踪影。于是，喜鹊来到猫头鹰的家门口，欢快地叫："猫头鹰先生，你该起床了，趁着今天美好的时光赶快工作吧。"猫头鹰听到喜鹊的叫声，睁一只眼闭一只眼，身体蜷缩在窝里，微微动了一下，说："吵什么吵，这么早瞎叫啥啊，我还没睡醒呢。等等，再睡一会儿。"喜鹊听到这样的话就独自一个人走了。

到了中午，喜鹊路过猫头鹰的窝，看见猫头鹰还在懒洋洋地睡觉，于是就说："猫头鹰先生，已经中午了，你该工作了。"猫头鹰说："时间还长着呢！不用这么着急，让我再睡一会儿吧！"说着猫头鹰又开始倒

头大睡，喜鹊摇着头离开了。时间过得真的很快，一晃就到下午了。喜鹊工作完，在回家的路上路过猫头鹰的窝边，看见猫头鹰刚刚起床正在洗脸、刷牙，喜鹊说："我都工作完回家睡觉了，你怎么才起床啊？"猫头鹰懒懒地说："我就是这样的习惯，从来不按照时间的规定去工作，什么时候饿了，我就什么时候工作。"喜鹊接着说："现在天都这么黑了，你出去能找到什么食物呢？"猫头鹰说："今天找不到食物还有明天呢，时间这么长，不一定天一亮就要起床、天一黑就睡觉吧！"说着，猫头鹰就从自己的窝边飞到了另一棵树上，可是由于饥饿已经累得筋疲力尽了。

晚上，猫头鹰什么食物也没有找到，被饿得"咕咕"乱叫。直到夜很深了，动物们听见猫头鹰还在"咕咕"地叫着，声音很是凄惨。

这是一个很小的寓言故事，可是我们从这个故事当中却能看到很深的道理。在喜鹊对猫头鹰一次次的忠告提醒之后，猫头鹰仍然我行我素，对喜鹊的提醒置之不理，最后被饿得"咕咕"乱叫。"一寸光阴一寸金，寸金难买寸光阴。"这是我国的古训，告诉我们要珍惜目前的时光，合理利用好每分每秒。

在我们每天的生活中，我们有多少事情没有按照之前设想的去做，然后被拖延了呢？晚上我们定好了闹钟，提醒我们第二天要早起上班，可是第二天当闹钟敲响的时候，有多少人能够按时起床呢？也许由于你没有"听从"闹钟，上班迟到了，这时你错过的不仅仅是当月的奖金，同时你还失去了领导对你的信任。晚上我们约好要和老朋友8点聚会，由于你对时间没有做好安排，当广场中央的大钟响了8声之后，你还在做别的事，在你的朋友焦急等待中，他对你慢慢地失去了信任……

就这样，由于你每次都不能够按时去做一些事情，你的错过就此开始了，也正因为如此，你失去了很多本不应该失去的东西。

把握当下，不再错过

当代，人们的生活节奏明显地加快，尤其是在一些大城市和发展中的城市，人们每天都是忙忙碌碌，根本没有停下来休息的机会。

在工作中，有时候我们会看到，同样的两个员工都在努力地工作，可是工作的结果和效果却大不相同，有的在很短的时间内很好地完成了工作，有的用了很长的时间，工作的效果却很一般。在往远处看一下，过了很多年后，他们的工作甚至生活出现了天壤之别的差异，有的从原来的一名普通员工升职为经理甚至总经理，而有的却依然在员工的岗位上工作。这是为什么呢？原因之一就是在时间的利用上，有的员工在工作当中对自己的时间安排得非常合理、妥当。比如，他在前一天下班之前就对自己第二天的工作做了一个很详细的时间安排，第二天闹钟一响，他会准时起床，在工作中有条不紊地完成对下属工作的安排，客户的谈判、拜访等。你可能会说，计划不如变化快，就算在工作的过程中出现一些意外，他还是能够很好地做好调整，把时间的利用放在第一位，最终把这些意外消弭于无形。这就是为什么他们能够高效做事的原因。

在生活中，你是否在约会的过程中经常失约或者不能够准时地到达？你是否在做某件事的时候不到最后一刻绝不开始？你是否总是认为你的时间还有很多？如果你的回答是肯定的，那么，你肯定是一个不重视时间的人，你的错过也就从你不重视时间那一刻开始了。为什么人必须要对时间有一个衡量呢？试想一下，如果对时间没有了衡量会怎么样？首先我们上班没有了标准的时间，只能看日出上班，日落下班。如果哪天没有了太阳，我们是不是就可以不用上班了呢？因此人们的工作出现了混乱，更无效率而言。在和你最爱的人约会的时候，你可能要用很长的时间才能够见面，就是没有一个标准的时间确定，使你们不断地互相错过，这会是一个多么可悲的世界啊！

我们的先辈制造出对时间的衡量工具，就是为了让我们的生活及工作更加有序和规范，从而提高我们做事的效率。而要做到这一切的前提就是我们要遵守时间，听闹钟的话，做一个守时的人，把握好现在的生活，不要等到失去了才想起来去珍惜，一旦错过，它将永远不会再来。

4. 你总是在做"不如不做"的事情

普通人只想到如何度过时间,有才能的人设法利用时间。

——德国哲学家叔本华

在某个山区有这样一个老板,妻子早逝,靠挖煤起家,现在拥有一个自己的煤矿,家产已达到千万,有一个儿子叫金锋。这位老板每天都忙于矿上的事情,对自己的儿子很少管教。

由于自己没有读过几天书,在金锋8岁的时候,他才想起让儿子上学。金锋在学校期间懒散自由,在小学毕业之后就辍学了,并由此养成了随性的性格。

天有不测风云,在金锋20岁的时候,这位老板由于身患重病而离开人世,金锋从此继承了父亲留下的遗产和事业。

金锋有了父亲的遗产,在生意的打理上也比较顺利,没有出现什么大的失误,可是好景不长。有一次,一位和他父亲合作的老客户和他约好第二天进行业务洽谈。第二天,这位老客户很早就来到了金锋的公司,金锋却由于前天晚上和朋友聚会,没有回家,一直在朋友的家里,未能来上班。公司的秘书马上打电话告诉金锋那位老客户到公司

了,金锋这才想起有一个客户要会见。回公司经过一个广场的时候,他看见有一个自己非常喜欢的乐队在那里演出,于是就停下了车,很有兴趣地听起了音乐。等看完演出后一看表已经上午11点半。

这位老客户依然在公司的休息室等待着,虽然有点生气,但碍于合作了很长的时间,还是忍了。金锋刚来到公司门口,看见业务经理在急匆匆地往外走,原来他们的一批货在运输的过程中出现了一点问题,业务经理需要赶到现场查看情况,金锋听到这消息后随即和业务经理一起赶往现场。

下午3点的时候,金锋还在处理本应该由业务经理处理的工作,这位老客户这时候还没有见到金锋的人影,生气地离开了公司,走的时候留给秘书一句话:"我们的业务从今天停止。"就这样,金锋的企业少了一个很大的客户,对企业的发展也造成了一定的损失。

在后来的工作中,金锋经常在开一些重要会议的时候,由于自己的一点小事而暂停,等他办完事回来的时候又要重新开始,在公司最忙的时候,自己却花费很长的时间在咖啡厅坐一下午,甚至有时候由于一个保安的工作失误,他都要说教很长的时间等。就这样,他总是把一些时间花在了很多的小事情上面,渐渐的公司的业务越来越少,员工的积极性也随之而降低……

金锋企业的业务量为什么会越来越少?主要原因就是金锋没有很好地利用自己的时间,没有把重要的时间用在重要的事情上面,这就造成了浪费。由于每个人的职业不同,所以某些事情对他们的重要程度不同,对于金锋来说,他是整个企业的领导人,当然要把自己的时间花在关系到企业发展的事情上面,而不是做那些不痛不痒、对企业发展作用不是很大的事情。企业的发展和朋友聚会、喝咖啡、给保安上政治课哪一个重要?如果我们把这些单列出来,答案肯定是明显的。

所以,一个人的工作效率不是看他每天的工作时间,而是要看工作的结果,这样才是一个聪明且高效的人。

把握当下,不再错过

在工作中,很多人都不能够把自己的角色、时间、事情很好地分配,造成的结果就是该做的没有做好,从而失去了;不该做的做好了,但是和主体的利益没有太大的关系,得不偿失。

如果你是一位企业的领导者,你的工作就是如何提高企业的经济效益,让企业不断地壮大,也许你所面对的很多事情都与主体有关,首先把自己的角色认清楚,下属能够解决的事情不要亲自去做,做自己该做的事,然后对自己的事情进行分级,分清轻重缓急,然后再去执行。

如果你是一位业务员,那么你的主体工作就是提高销售业绩,在你即将拜访客户的时候,突然有朋友约你去看电影,你选择了和朋友看电影,而放弃了拜访客户,这就影响到了你的主体工作。也许就是因为你去电影,而让竞争对手争取到了这个客户,那么你的业绩将受到影响。

我们经常会遇到这样的事情,本来对今天的工作都做好了安排,可是出现了一点儿意外,比如,约见的人还没有到,等人的过程中对方说要半个小时后才能到;今天的工作提前做完了,但还没有下班,也不知道接下来要做什么。很多人在遇到这样的情况后,要么静静地等待,要么随便拿起一个工作去做,对这两种做法进行分析,如果选择等待,那么就等同于选择了慢性自杀。

列宁曾经说过:“浪费别人的时间就是谋杀,浪费自己的时间就是慢性自杀。”显然你这样做了。如果你随便拿起一个工作来做,因为随便,所以你肯定在做“不如不做”的事情,这样会大大地降低你工作的效率,当这段空白的时间过完后,你必须要放弃手头的工作,下次再重

新开始。所以面对这种情况最好的方法就是预先准备好要做的事情，这些事情必须是随时可以开始，随时可以中断，下次开始的时候还可以继续，这样你就能够很好地利用时间，从而把握住现在的每分每秒。

生活在农村的人应该都了解，小时候我们本来有鞋穿，可母亲还是为我们做一些布鞋，而且做好这些通常要花两三个星期甚至一两个月，难道做这些布鞋真的要花这么长时间吗？不是的，其实做一双布鞋只需两三天就做好了，我们的母亲之所以会用这么长的时间，是因为她们能够分清事情的主次。做鞋与家庭生活的正常进行相比实在是太小的事情了，作为母亲首先重视的是地里的收成和家务，所以我们会看到母亲们总会在天下雨或者晚上的时候才会给我们做鞋，这也是一个合理利用时间的具体表现。对于母亲来说，在家里忙的时候这些都是“不如不做”的事情，绝对不会在农忙季节去做这些事情。

不管是在工作中还是生活中，我们一定要分清楚事情的轻重缓急，不要让那些“不如不做”的事情侵占我们大部分的时间，合理地分配好自己的时间。

5. 做好时间的管家，让时间为自己服务

合理安排时间，就等于节约时间。

——英国哲学家、作家弗兰西斯·培根

大家都知道，鲁迅是我国近代一位非常出色的文学家，在中国乃至世界文坛做出了很重要的贡献，对于文学的发展起到了推动作用。

鲁迅，原名周树人，他的成功有一个非常重要的秘诀，那就是能够很好地管理自己的时间。鲁迅出生在浙江一个官僚地主的家庭里，后来由于在京城做官的祖父因故入狱，家道很快就败落了下来，父亲这时也得了重病，终日在家养病。在12岁那年，鲁迅在绍兴城里的三味书屋读私塾，在这期间，因为要照顾患重病的父亲，母亲身体一直不是很好，他还要帮助母亲做一些家务活，两个弟弟由于年龄小不能帮什么忙，所以他对时间必须做出一个精确的安排，以保证能够完成现在的工作。

他每天都对自己的时间做了很好的规划，每天早上6点钟起来先看一个小时的书，然后为母亲准备做饭的柴火——劈柴，在7点半左右去私塾上学。中午他有一个小时的吃饭和休息时间，在这段时间

里，鲁迅要安排好每分每秒，去当铺，跑药店为父亲抓药，然后回家帮母亲做饭。一切都忙完，吃完饭之后，已经到了上学的时间。虽然中午要做那么多的事，但他从来没有迟到过，总是在老师没到教室之前他就坐在了自己的座位上。当别的孩子在马路上高兴地玩的时候，鲁迅总是匆忙地走在街道上，在这段时间里，鲁迅不仅坚持着照顾重病的父亲和帮助母亲干活，而且学习上也取得了很大的成就，并对文学产生了浓厚的兴趣。

随着年龄的增长，鲁迅对时间更加重视，在时间的安排上总是非常的合理妥当，他除了热爱文学之外，也特别喜欢绘画和一些民间艺术，涉及范围非常广泛，而且在这些民间艺术当中，他都有所成就，有人曾有这样的疑问，鲁迅先生怎么会有这么多的时间去学习这么多的门类呢？这也就印证了他说的一句话："时间就像是海绵里的水，只要你挤，总会有的。"

在鲁迅工作的时候，总是有好朋友找他闲聊，鲁迅听到对方没有什么重要的事情，就会说："我现在很忙，有重要事情了再来找我吧！"即使是最好的朋友他也不愿意无谓地牺牲自己的时间。因此，就是因为对时间的重视和很好的管理，鲁迅才成为了我国伟大的文学家。

每人每天拥有的时间都是24小时，可以说这是非常公平的，有的人用这24小时创造出的价值完全超出了很多人的想象，有的人在这24小时内却没有任何的动静，没有留下任何的痕迹。例如，著名音乐家莫扎特在他生命的35年中，做出了600多首的旷世名曲，为后人留下了宝贵的文化遗产；而有的人活了七八十年，却依然平庸，这就是高效的人和低效的人之间的差距。

我们可以明显地看到对时间的管理对于我们每个人来说是多么的重要，怎样使用我们每天的24小时，如何让这24小时发挥最大的效能，直接关系着你是平庸还是伟大、成功还是失败。

把握当下，不再错过

把握当下的时间，对当下的时间做一个完美的计划，是每个人成功的基础。

在工作和生活当中，很多人对自己的时间都不能够很好地控制。忙了一整天，筋疲力尽，回到家里一想，今天好像没做什么重要的事情，可是还是这么累，这就是我们常说的“瞎忙”。瞎忙的具体表现就是每一天一到办公室对所要做的事情不能够分出一个主次，把大事、小事，重要的、不重要的，都集中在一起，按照顺序去做，等到做重要事情的时候已经筋疲力尽，效率明显降低。比如你是一个销售员，今天有一个重要的客户需要拜访，有可能马上就可以成交，可是从早上到下午下班你却一直在忙调货、交货和沟通售后的问题，最后才想起来给这位客户打电话，这时他也许已经和别的公司签约了，从而你有一笔很大的损失，得不偿失。所以，在工作中首先对要做的事情分类，哪些是重要紧急的、哪些是重要不紧急的、哪些是紧急不重要的、哪些是不紧急不重要的，然后按照轻重缓急有序地进行安排。

在我们身边总会遇到这样的朋友，在做一件事的时候总是要等到心情好的时候才去做，也就是他们在花费一部分时间来等待好的心情或者好的状态。比如，有两个刚毕业的大学生准备创业，他们选择了一个行业之后就开始等待时机，第一年市场有点萧条，他们说再等一年；到了第二年市场稍微好了一点，他们说再等等，等到再好一点时开始；第三年，市场又下滑了一点，他们还是选择了等待时机，就这样他们等了一年又一年，最后等到他们想开始的时候，发现这个行业在市场上已经饱和了，而 3 年之前就开始做的人们生意非常的稳定。他们花了很长的时间来等待时机，殊不知，一个好的时机是要靠自己把握的，而不是等出来的。院子的一棵树为什么会长这么高，那是因为它

10 年前就已经被种上了，所以把握好现在，不要错过时间。

还有一种现象，我们坐公交车去目的地的时候，下车之后发现离要去的地方还有 3 站，如果再次坐车的话又要花一元钱，如果步行的话就能够省去一元钱，但是要花费一定的时间。不同的人面对这种情况他们的选择有所不同，有的人会选择步行，而有的人会选择继续坐公交车或者打车，不同的选择反映了他们对时间管理的有效性。如果你是一个高效的人，你肯定会选择坐公交车或者打车，因为这样才是最划算的，才能够让你的时间价值最大化，因为在这段时间里你创造出的价值要远远大于一元钱，所以，请不要做“一分钱智慧几小时愚蠢”这样的事情。

在我们的生活中总是有很多零碎的时间，被我们所抛弃或者忽视，其实，如果我们把这些时间集中起来，能够完成很多有意义的事情。比如在等公交车、坐车、运动健身的时候，我们可以想一想工作上的安排、在工作中遇到的困难及解决方法等，在工作的时候忙里偷闲休息片刻，这样就会大大提高我们做事的效率。

总之，无论是在生活还是工作当中，我们都要管理好自己的时间，合理地利用时间，让时间为我们服务。

第三章

错过财富，只因你觉得很知足

很多时候我们都会抱怨上天，为什么和我一起长大的朋友，他现在是百万富翁，而我还在为生活打拼呢？为什么和我一起进公司的同事，他现在每月的工资比我多一倍呢？上天是不是真的公平呢？

其实我们应该抱怨的是自己，我们都太过于知足，知足常乐本没有错，但是太过于知足只会让我们错过很多财富和本应该属于我们的东西，拥有一颗不知足的心并适当的调节，会让我们拥有更多。

1. 你一直在为你的薪水而做事吗？

人生必须有目标，而赚钱是最坏的目标，没有一种偶像崇拜比财富崇拜更坏的了。

——钢铁大王安德鲁·卡内基

小张大学毕业之后，在一家公司应聘财务工作，工资待遇还可以，但是试用期需要半年的时间，老板告诉他，如果做得好的话，半年之后就可以在基本工资的基础上涨工资，于是小张就到了这个公司上班。

刚来到这个公司，小张工作非常的努力，每天做的工作和老员工相比一点也不少，在工作累的时候想想试用期后的工资，也就认了。一转眼三个月过去了，在这三个月工作期间，小张已经具备了很好的工作能力，对于公司的各种财务事宜都能够处理，已经可以在公司独当一面。小张觉得自己的工作能力已经具备或者超过了该岗位的要求，老板应该给自己涨工资才对，不应该在半年后才给自己涨工资。

此后，小张总是想找机会给老板提提，但是碍于之前说好的，小张也不好意思说，但是小张心里总是觉得不平衡，总觉得自己吃亏了！自此以后，小张的工作态度有了极大地转变，原先总是把工作放在最重要位置的他，渐渐地对工作不再那么重视了，在工作的过程中，也不再那么积极、认真了。有时候在月末赶制财务报表，大家都需要加班的时候，小张却说："我的工作已经在白天都做完了，不需要加班，半年之后我们再一起加班吧！"这话其中的意思就是说，我现在的工资那么少，没必要那么拼命地工作，我只做到与我的待遇相符就可以。小张所做的这一切老板都看在眼里。

转眼间，半年过去了，小张想终于可以给自己涨工资了，可工资发下来之后，工资依然没有改变，小张想，可能是老板忙，忘了自己的事，下个月应该就可以涨工资了，等待的这一个月中小张的工作态度依然没有改变。转眼一个月又过去了，工资发下来小张傻眼了，工资依旧，气愤之下，小张辞掉了工作，离开了公司。

之后，小张找了一家小公司做财务，不管是业绩还是工资一直都没有起色，有一次在街上小张碰见了原先公司的同事，这位同事说："你真是太可惜了，我听老板说，他本想在你第四个月的时候涨工资的，而且说要比原先给你承诺得高，还准备培养你做我们的财务总监呢！可是在你工作三个月之后就变了，这让老板很不满意……"

小张听了同事的话后，许久都没有说话，如果当时自己不要因为一点儿工资而计较，或许现在会有很好的发展。

薪水对我们来说，确实很重要，因为那是我们生活的基础，尤其是对于刚踏上工作岗位的人来说，但是，那始终是一种短期的经济利益，迟早有一天你会将它用完，我们工作的原因是什么？有没有自己的职业规划？相信每一个参加工作的人都有自己的答案，如果我们把薪水放在工作的首位，那么职业规划、将来的目标将会被淹没，从而让我们为薪水而工作。

薪水和个人的发展哪一个重要？当然是个人的发展，在这个经济社会，个人的技能和财富是成正比的，只有自己各方面的能力得到很好的提升，才有机会赚取更多的财富。案例中小张的失败之处就是没有分清楚自己工作的重点。

把握当下，不再错过

在当代，很多的大学生毕业之后都有很大的抱负，这是没有错的，可是有人偏执地认为自己有很大的能力，在没有参加工作之前总认为自己是无所不能的，在工作中应该得到公司的重用，应该得到很丰厚的报酬。在工作之余，还喜欢攀比工资，认为我的工资比你多就是我有能力，这让很多人都走向了一个误区。

我们来分析一个很简单的道理，你在一个企业工作，首先是企业每月要给你发工资，而给你发工资的前提是这个企业必须要有钱，这些钱从哪里来？这就需要每个员工发挥自己的能力，提高企业的经济效益，也就是说每个员工的工资从每个人的工作能力中得来，而很多人只是注重自己的薪水，而忽视了自己的能力，这个薪水就不是一个长久的薪水，企业没有效益，当然员工也会没有效益。

从另一个方面讲，以我们个人的能力来进行分析，普通员工和总经理的薪水肯定是不一样的，而且总经理的能力肯定要比员工的能力强很多，所以他才会拿更多的薪水，只有员工的能力不断地提高，才能够胜任更高的职位，那么薪水自然会提高，从而获得更多的财富。而如果一味地追求自己的薪水，就会忽视自己能力的提升，这样就会错过财富的拥有。

不要为了薪水而工作，薪水只是给我们的一种补偿方式，带给我们的利益是最短的，能给我们带来长久财富的是个人的能力，只有不断地提高个人的能力，我们的财富才会不断地提升。如果我们为薪水而工作，那么它就会蒙蔽我们奋斗的目标，为了薪水而对工作敷衍了事，这对老板甚至企业来说是一种损害，对于我们自己，如果长期养成这样一种习惯，我们就会失去工作的激情、失去自己的目标，没有了战斗力，到最后只能是一个庸庸碌碌、无所作为的人。

所以，在工作中，我们应该明确自己的目标，我们不是为了薪水而工作，我们的目标是提高自己的工作能力、获得良好的工作经验、为以后的发展做准备，这些东西和每个月那些微不足道的薪水相比简直是天壤之别。我们经常会看到一些成功人士的报道，在他们成功的道路上总是此起彼伏、困难重重，正是这些困难和挫折培养了他们成功的能力，正是这些能力推动着他们走向成功，从而获得了巨大的财富。

总之，不要为了你的薪水而做事，不要因为你每个月拿多少钱而大伤脑筋，把如何提升自己的能力放在第一位。如果你做到了，那么你就向拥有更多的财富迈进了一步。

2. 过分的知足，让你错过了机会

生活太安逸了，工作就被生活所累了。

——中国文学家、思想家、革命家鲁迅

天义和天明是一对很好的亲兄弟，从小生活在农村，结婚之后为了过上更好的生活来到了城市打工。

他们在一个建筑工地干了一年之后，挣了一些钱，由于兄弟俩以前都做过室内装潢，于是两个人合伙开了一家装潢公司。他们俩的装潢公司由于价格公道、质量可靠很快赢得了顾客的认可，生意也越做越大。后来，老大天明的老婆来到城市，帮天明打理生意，在经济上出现了一些问题，兄弟俩分道扬镳，弟弟天义自己重新开了一家装潢公司。

哥哥天明的公司之前是兄弟俩一起创立的，客户比较稳定，经济收入也非常的稳定，天明的老婆感到目前的生活真的非常的安逸和舒适，每天除了上街购物就是在家看电视，或者和邻居们打麻将，在生活用品上非 LV、Chanel 等不用，她觉得只有这些才能够配得上自己的身份。天明看自己公司的效益非常稳定，也没有再去开发新的客户，他觉得这样的生活已经让他很知足了，如果在农村他是无法享受到这样的美好生活，现在最重要的就是享受这美好的一切，已经无须再努力打拼，天明夫妻俩就这样安逸地生活着。

天义自己开了公司之后，每天早出晚归开发客户，没过多久，他公司的规模已经可以赶上当初他和哥哥创建的那个公司了，和天义打过交道的客户，都会为天义介绍很多的新客户，天义的公司客户越来越多，生意也越来越好。虽然现在的生活特别的好，但是他认为如果要让公司更好的发展，有一个坚实的基础，立于这个行业的不败之地，必须扩大规模，于是天义又开了一家分公司。这家分公司成立之后，天义把老公司的客户分了一部分给新公司，以带动新公司的发展，果然，凭着天义很好的口碑和不断的努力，新公司在一年之后也发展到了一定的规模。天义想，自己的业务总是在这个城市里面，其实这只是很小的一部分，如果业务能够拓展到别的城市乃至全国，这才是最好的发展，于是天义这两天正在筹划让自己的装饰企业集团化……

天义的生意越做越大，而天明的公司由于没有新客户的补充，客户越来越少，很多老客户在不断地流失，最后由于无法继续经营，和老婆一起回到了农村。

同样是两家装潢公司，同样在一个城市发展，最后的结局却有天壤之别。天明的公司倒闭了，他失败的原因就是太过于安逸，错过了发展的机会，等到醒悟时已经晚了。

在我们的生活中，为什么有那么多的后起之秀？为什么一个个默默无闻的人最后却成为了我们的榜样？就是因为不满足于现状，他们总是在为自己的理想不停地努力着、准备着，当机会出现时他们能够很及时地把握，最终让我们刮目相看。

把握当下，不再错过

“知足常乐”是古人留给我们的话，在当代，很多的人对其都产生了误解。“知足常乐”它是调整人类心态、保持心理平衡的一种方法。现实中，却有很多庸俗的人却将其转化为对待事业和工作的态度上，这就使很多的人得过且过，对工作和事业没有了上进心，从而停止不前甚至后退，错过了很多的财富。

人失败的原因一般有两个：第一，在努力的过程中，没有坚持下来，最后放弃了，这类人很多，也许他在别的行业中会成功；第二，就是满足于现状，不思进取，这类人其实是最可怕的，因为他在做任何工作的时候，只要觉得“比上不足比下有余”了，他们就觉得很幸福，社会是一个充满竞争的社会，你停下了，并不等于对手也停下来了，所以这类人往往会被社会的发展所淹没。

在我们还没有达到小康水平的时候，我们总想让自己的生活过得好一点，当我们脱贫致富之后，这时人们的想法开始发生了变化，有的人希望能够让自己的生活质量更加高，因此他们不断地赚取更多的财富，以此来实现更高的目标。而有的人却总是拿过去和现在做比较，想想以前是多么辛苦，现在和以前相比已经幸福了很多，于是他们安于现状，享受着目前这短暂的幸福。随着社会的发展，人民生活水平更上一个台阶，那些曾经努力过的人，不但生活水平提高了，而且还改善了住房条件、拥有了汽车等，而那些当初安于现状的人，依然过着和以前一样一成不变的生活，和现在的生活相比，他们仍处于社会的底层。

以上是人类发展的真实现象，同样的道理，对于我们每个个体来说，小富即安，不思上进的人，永远不能取得最大的成绩，只有不断努力、不安于现状的人才能发挥出自己最大的才能，取得最大的成绩。而每个人的才能到底有多大，这个我们是无法用工具测量的，但是我们必须认识到的是，只有在我们不断努力的过程中，才能够发挥我们的才能，才能获得更多的财富。

试想一下，如果一个商人只满足于自己的那一亩三分地，他能成为一个真正意义上的商人吗？显然是不可能的，商人的意义就是用一元钱去赚两元钱，用两元钱去赚十元钱，如果你拿着一块钱不动，不做任何投资，你怎么能够赚到两元钱甚至更多呢？所以不要过分满足于现状，机会就是在你停留的那一刻从你身边溜走的，时刻做好准备，你将会赢得财富。

3. 穷人最大的悲哀就是没有野心

雄心未竟即是野心,野心已达便为雄心。

——苏联伟大的无产阶级作家高尔基

在一个偏远的山村,住着一个非常穷的人,家里除了一张床就什么都没有了,他每天都是靠街坊邻居的接济为生。

村里有一个富人,一直在做养牛生意,赚了很多的钱,他看到这个穷人生活一直这样的艰苦,就起了善心,决定帮助穷人脱贫致富,于是就送了一头牛给这个穷人,并嘱咐他利用这头牛好好地开垦荒地,春天来的时候在地里撒上种子,等到秋天的时候就可以自力更生,不用在靠别人的施舍了。穷人非常感激这个富人,并下定决心要按照富人的吩咐去做。

可是没过几天,穷人发现自己的日子过得比过去还要艰难,因为牛要吃草,他还要吃饭,他觉得这样过还不如从前,想了一晚上之后,他决定把牛卖了,然后买一些羊回来,首先杀一只羊供自己吃,解决目前的生计问题,然后其他的羊就可以生羊崽,等长大了杀了再吃,这样就可以解决吃饭问题了。

第二天他就实行了这个计划,没过几天杀的那只羊吃光了,可是其他羊仍然没有生下羊崽来,于是他又杀了一只羊供自己吃,希望这只羊吃完之后其他的羊就可以生下羊崽了。

就这样他吃的只剩一只羊的时候,还是没有小羊崽诞生。他想,不能再杀了,如果这只杀完的话,他就没有饭吃了,于是他效仿了之前的方法,把这最后一只羊卖了,买了几只鸡回来。他想,鸡生蛋的速度应该比较快,先杀一只鸡维持目前的生活,等鸡生完蛋就可以拿去卖,这样就不用愁吃饭问题了。

同样,第二天他就实施了这样的计划,但是鸡的体积小,肉也不如羊经得住吃,所以他几乎每天都要杀一只鸡来吃,这样鸡下蛋的速度远远赶不上他吃鸡的速度……

当他杀到只剩一只鸡了,日子还是没有好转,穷人的梦想再次破灭了,在无法忍受饥饿的情况下,他想不如把这只鸡杀了,买点酒回来喝算了,最终,他将最后的一只鸡也杀了。

很快秋天到了,富人从外地做生意回来,高高兴兴地来到穷人的家里,想看看穷人现在美好的生活,可呈现在他面前的依然是一贫如洗的家,那头牛早就没有了。

从这个故事中我们可以看到,其实穷人在很多时候都有变成富人的机会,也许他有过想法,甚至也为此想法付出了行动,可是他都没有坚持下来,所以穷人一直那么的穷,而富人却越来越富。

所以,有时候穷人和富人的区别并不是金钱与机会的区别,而是心态的区别。富人之所以越来越富就是因为他们有一颗致富的野心,在他们的心里,没有做不到的事情,只要有机会,他们会不惜一切代价向前冲。而穷人缺的就是一颗想成为富人的野心,他们有创造财富的机会,可是在遇到困难的时候,整天的怨天尤人,高喊:“为什么这么的不顺?”从来不敢说:“我一定要成为富人。”

其实,野心就是机会,如果你没有了野心,你就错过了机会,而机会对于每个人都是平等的。野心也是一种冒险，其实做每一件事都是一种冒险，如果没有冒险就没有成功的机会；野心也是一种梦想，每个人都有权利拥有梦想，如果没有野心，你就发现不了梦想，何谈实现梦想；野心也是一种勇敢，没有了野心，你就是一个懦夫，一个懦夫肯定不会拥有财富。

把握当下，不再错过

在这个世界上，据调查20%的富人拥有80%的财富，在农村我们经常会发现这样一类人，和他们村的人相比，他们有了足够的钱，正好有一个项目能够赚取更多的钱，但他们宁愿把这些钱压在箱子底下几十年，也不愿意拿出来冒险，他们觉得现在有吃、有喝、有穿、有住已经是非常的幸福了，即使有赚更多钱的机会也没有必要拿出来去冒险，万一赔了岂不是让自己更穷了。这类人注定与财富无缘，他们的目标就是做一个穷人。我们要知道做每件事都是有风险的，如果我们做任何事都是一种胆怯的心态，没有成功的野心，那么，我们永远不会拥有更多的财富。

在法国，有一个这样的富豪，他在不足10年的时间就跻身于法国财富榜榜首，成为法国的首富，在去世之前他给后人留下了一份遗嘱，这份遗嘱的意思是说：谁能够猜出穷人最缺的是什么，就给谁100万法郎的奖金，答案就锁在他的保险箱内，并且还有公证员公证，回答的人特别多，最后公证员打开保险箱验证，只有一个街头卖冰棍的8岁小男孩答对了，答案是野心。在接受这100万法郎奖金的时候，记者问为什么会做出这样的答案，这个小男孩说："每次在街上遇到别的男孩时，他们总会说'不要有野心'，于是我想，野心肯定会让我得到更多的东西。"这个故事当时在法国引起了不小的轰动，并很快传遍了全球，成为每个人谈论的焦点。不错，成为富人的法宝就是野心，它是治

愈那些穷人的良药,穷人之所以穷,就是他们没有找到这剂良药。

在我们的生活中,我们常常发现这样一种情况,在同一个城市一起打拼的两个同学或朋友,之前过着几乎同样的生活,都是为了生计而奔波,可过了几年之后,我们发现有一个变得非常有钱,成为了当地富商,而另一个只是比以前的生活稍微好了一点而已。在和他们的聊天中发现,这个富商同学对未来总是充满希望,侃侃而谈他接下来的发展计划;而另一位同学总是忧虑自己的工资太低了,下个月如果公司裁员该怎么办。这就是富人与穷人的区别。富人总是用野心唤起他们的希望与激情,而穷人总是选择安逸,担心忧虑的生活。

“野心”,在《辞海》中的本义是放纵,不可控制,引申义是对权力、金钱的强烈欲望。在这里我们需要注意到的是“强烈欲望”,每个人都有欲望,如果不够强烈那么就是空想,穷人之所以穷,就是因为缺少对权力和金钱的强烈欲望,没有强烈的欲望就没有梦想。前面说过野心就是一种梦想,如果没有野心的支撑,那么梦想就是空想,将永远无法实现,只有在野心的推动下,我们才能够勇敢地前进,在困难面前我们也会付之一笑,轻松地跨越。野心让我们越战越勇,在前进中不断地激发出我们的潜能,给予我们无尽的力量。

在人类发展的历史中,我们可以清晰地看到,在这个世界上没有做不到的事情,只有不敢做的事情,只要你拥有野心,并不折不扣地付诸行动,你就会拥有更多的财富。

4. 你的心态决定了你的一切

心态若改变,态度跟着改变;态度改变,习惯跟着改变;习惯改变,性格跟着改变;性格改变,人生就跟着改变。

——美国著名心理学家马斯洛

有这样两个乞丐,一个在城东头,一个在城西头。他们每天都是靠乞讨为生,见人就跪,并编出很多感人、可怜的谎言,以博得路人的同情,给予他们钱财。他们每天都有收获,这些收获已足够他们当天的生活,他们觉得很满足,因此,他们每天跪在地上期待好心人的出现。

冬天的天气很冷,路上的行人都特别得少,这天城东头的乞丐没有任何的收获,眼看今天就要挨饿了,这时过来了一位风度翩翩的富人,他马上像往常一样跪在了这位富人的面前,不断地磕头并用凄惨的声音说:"行行好吧,给点钱吧,我已经三天没有吃饭了,家里还有一个小孩啊!"这个富人看到此景,停了下来,并蹲下身子说:"站起来吧。"乞丐高兴地站了起来,以为会有所收获。这时富人说:"我是从来都不给乞丐钱的,知道为什么不给吗?"乞丐摇了摇头说:"不知道!"富人接着说:"第一,我不欠你钱;第二,你年轻力壮,完全可以自己打工挣钱，不应该向我伸手要钱；第三，你为了一点钱，跪在地上给别人磕头，没有了自尊，你自己都看不起自己，那么别人就更看不起你了。”

这个乞丐有些不耐烦地说：“不给就不给，还说这么多干吗！”

这位富人并没有被乞丐的无礼而激怒，接着说：“我从来不会白给任何人钱，但是我可以借给你钱，你可以用这笔钱去做生意，等你赚了钱了就把这笔钱还给我，我相信你一定会赚到更多的钱。”说着富人把一部分钱和自己的名片给了这个乞丐。

乞丐接到钱之后流下了两行泪，在街头乞讨这么多年，没有一个人和他说话，也没有任何人拿他当人看，今天居然有人借给自己钱了，他马上觉得自己应该有尊严地活着，应该让所有人都看得起自己，于是他用富人给他的钱去做生意。

城西头的乞丐这天也遇到了这个富人，富人用同样的方法和这个乞丐对话，最后也给了乞丐同样数目的钱和名片，这个乞丐同样也非常的感激，发誓一定要成为富人。

城西头的乞丐拿到钱之后，先是拿出一半去做生意，结果赔的一分也不剩。这个乞丐开始担心了，如果把剩下的这些钱再投出去还接着赔的话，那岂不是什么也没有了！于是他放弃了做生意，拿着这些钱重新在城西头乞讨，如果哪天没有收获，他就拿出这些钱供自己用，最后还是一贫如洗。

城东头的乞丐拿到钱之后专心地去做生意，在有困难的时候他总会想起那天富人对他说的话，经过努力，几年之后，成为了一名富商，等他拿着名片和钱去找那位富商的时候，得知那位富商在半年前就已经去世了。

我们看到，这两个乞丐有很多相似的地方，他们两个最初都是街头的乞丐，后来都和富人进行了交流，并得到了富人的资助，而且他们都去经商希望成为富人，可是最后的命运却是截然不同的。

城东头的乞丐在得到帮助之后找到了尊严，找到了自信，在遇到

困难的时候，总是会用富人的话去鼓励自己，这就让他有了一个很好的心态；城西头的乞丐在得到帮助之后，只是找到了开始的勇气，在初次失败之后，他就没有了重新开始的勇气，消极地认为如果自己失败将一无所有，这种心态让他和财富永远无缘。

在生活中，有些人就如同城西头的乞丐，在遇到困难甚至还没有困难的时候就由于担惊受怕，而对自己失去了信心，还没有进行战斗就已经低下了头，这样的人注定与财富无缘。

把握当下，不再错过

我们总会羡慕那些富人，却总是忽略他们的历史，今天的富人，曾经极有可能就是马路上的乞丐；而今天的穷人，很有可能就是昨天的富人，穷人和富人之间是在不经意间就能够相互转换的。

贫穷其实是一种心态，如果没有一个积极的心态，你给穷人再多的钱最终他还是贫穷的，因为贫穷已经让他养成了自傲、虚荣、懒惰、僵化、安于现状的心态，这些东西极大地阻止了他与贫穷作斗争的能力，只有把这些东西从脑海中彻底地删除，这样他才能够有能力站起来与贫穷作斗争，最终把贫穷踩在脚下。

李博生是中国工艺美术大师，在他的作品中，有很多成了国家级的礼品，在对外交往中，国家领导人经常将他的作品赠送给外国的宾客。有一次，他花了整整3年时间雕刻的一件作品《无量寿佛》，在一次参展过程中获得了百花金杯奖，可是最后的得分是99分，而不是100分，李博生感到很奇怪，于是就问为什么不给100分？那1分到底差在什么地方？一位资深的评委对他说："扣掉的这1分，是你以后进步的1分，如果我给你100分，你将在以后很难进步。"李博生听了评委的话后，很受触动，在以后的工作中，他总是不满足于现状，总保持着一种不满足的心态，每做出一个完美的作品，他总是在想怎么样能

做出更好的作品。就这样在他 30 岁的时候，就已经成为了顶级的玉雕大师。

曾经有一句广告语："没有最好，只有更好。"意思就是我们要时刻保持一个不满足的心态，这样才能不断推动我们进步，在自己小有成就的时候，不要被一时的胜利冲昏了头脑而沾沾自喜，它只能让我们看到现在的财富，而错过将来的财富。

在工作中，很多人都安于每天固定的时间上下班，每月拥有2 000元的固定工资，尽管每个月除了衣食住行外剩不了多少钱，但是他们觉得这样很稳定、很满足。而有的人却不满足于现在的工资，他想要赚取更多的工资，于是经过努力之后每月的工资得到了3 000元，这时有的人开始满足了，有的人还是不满足现在的3 000元，他觉得现在的3 000元除了让老婆过的舒服点外，住房、车等还没有改善，于是他继续努力赚钱……如果每个人都像他这样不断地努力下去的话，怎么会不成为富人呢？相反的如果你的心态只是想维持现状的话，那么往往却不能够保持。

要想成为富人，那么首先请改变自己对待生活的态度，不要随遇而安、稳定少变，这是成为富人最大的敌人。也许，我们现在是穷人，但是这不并代表我们以后一直都是穷人，虽然我们不是富人的后代，但是我们可以让我们的后代有一个富人的祖先。

5. 当财富在敲你门的时候，你却没有起床

只有你的行动，才能决定你的价值。

——德国哲学家费希特

在美国，有一个青年叫亚默尔，他出生在一个贫困的家庭，从小和父母以种田为生，直到青年的时候，家里依然非常的贫穷。这么多年，他和父亲的辛勤劳动并没有改善他们的家庭状况。

有一次，他在街上买东西时看见好多人聚在一起讨论着什么，他走进一听，原来他们准备到加州的大山谷中去淘金，亚默尔知道金子是非常值钱的，如果能够在加州的大山谷中淘到金子，那么家里的贫穷就马上可以得到改善了，于是他把这消息告诉了父亲，父亲虽然不同意儿子这样做，但是为了让家里的生活富足一些，无奈地默许了亚默尔的想法。

很快，亚默尔就投入到了淘金者的行列中，经过长途跋涉来到了加州的大山谷中。这个山谷中没有任何的树木，气候非常的干燥，水资源奇缺，人们只有等到下雨的时候才能痛快地喝水，满怀淘金者的人们在这里最痛苦的事莫过于没有水喝，有的淘金者甚至说："如果谁

能给我一口水喝,我就给谁一块金币。”

亚默尔在这里淘了半个月后没有任何的收获,可是参加淘金的人却越来越多,这时他想到了当时有人说用一块金币买一口水喝的事。经过认真的思考,亚默尔放弃了淘金的机会,他用手中的工具从远处开辟了一条水渠,引到了开金矿的附近,然后用吸沙网进行过滤,最后得到了干净的清水,他把这些清水装进了水桶里,卖给淘金的人们。

那些淘金的人们个个口干舌燥,蜂拥赶到亚默尔面前买水喝,就这样一块块的金币掉入了亚默尔的腰包,后来有人耻笑亚默尔:“有大堆大堆的金子不挖,却赚这些小钱,上帝真是太眷顾我们了。”亚默尔付之一笑,依然卖自己的水。

最后很多人都没有挖到金子,挨饿受冻,不得不回到自己的家乡,而这时的亚默尔已经成为了当地的富翁。

其实,每个人都可以成为富人,关键是你有没有独特的眼光和敏锐的市场观察力,有没有付诸行动,是否能够想别人不敢想的,做别人不敢做的。

在生活中,很多人都只是沉迷于目前仅有的财富享受,没有意识到真正的危机正向他靠近,这种思想大大地蒙蔽了他们思考和动手的能力,等到仅有的财富用光、意识到财富危机的时候,这时候发财的机会已经离他远去。

所以,要想成为富人,首先要学会思考,自己怎么样才能够成为富人?找出一条适合自己的道路,开辟一个完全属于自己的天空。在你找到方法之后,不要犹豫,马上行动,有可能你短暂的犹豫就会让财富和你擦肩而过。

把握当下,不再错过

我们经常会遇到这样的情况,当别人在某方面获得成功之后,我们会非常的后悔，责问自己："为什么当初自己没有果断地去做呢？如果自己做了肯定一样也会成功的。"后悔药是不可能有的，穷人之所以会很快的成为富人或者富人之所以会越来越富，就是因为他们能够在合适的时机果断地作出行动，而穷人在财富向自己靠拢的时候，往往没有做好准备和及时地做出决策。

在一个偏远的农村，世世代代都很穷，刚开始人们种地，后来种水果，但是这一次次的改变并没有给他们带来太多的财富。有一个年轻人在无意中发现，自己家乡的水果和外地的水果相比含糖量较高，果形也正，于是他在全国各大城市考察了一番，如果把这些苹果发往外地的话会非常的有市场，于是他立即拿出自己多年的积蓄，又向银行贷了一部分钱，开了一个果品市场，第一年他自己把家乡的苹果运送到各大城市，到了第二年很多的客商都找上门来和他做交易。随后的几年，他的水果市场成为了远近闻名的大企业，后来又有很多的青年进行效仿，但是都不是很成功。

这个青年的成功就在于他发现商机之后，在别人没有行动之前就能够及时地采取行动，好的机会绝不会等你，在它敲门的时候，你能够及时地开门把它迎进来，这就已经成功了一半。

要想成为富人，就不要满足于现状，时刻做好出发的准备，用一颗聪明的脑袋去发现财富，当财富向你招手的时候，果断地行动起来。生活中有很多的例子是一些人成为富人之后又变成了穷人，这是为什么呢？最大的原因是他们有一点成就之后，就开始享受现有的成功，自鸣得意，放松了对成功的追求，就算有机会让他们拥有更多的财富，他们也会视而不见，于是他们松懈、懒惰了，贫穷就会崭露头角。

我们都知道华人首富李嘉诚，在公益事业上他绝对不会吝啬，如果有哪个贫困地区像他求助，他一定会慷慨解囊，但是对于每一分钱的去向，他都要了如指掌，这正说明了他对财富的态度。

当走在马路上看到地上有一分钱，你肯定会马上走开，因为那一分钱实在是太少了;当你看到地上有 100 元的时候,你肯定会弯下腰捡起来,这就是不同的人对待财富的态度。不在乎小钱的人往往很难赚到大钱,大钱都是由一分一分的小钱组成,而你却只是想着如何一夜暴富,对于小钱很难付诸行动。

李嘉诚的成功除了对财富的态度之外,更重要的就是他有一颗不满足的心,只要有财富降临的时候他总是能够做好准备,抓住机会,不会让财富从自己的身边溜走。

第四章

错过成功，只因你一直认为“还有明天”

成功是每个人所向往和追求的，在实现理想的路上，有的人成功了、有的人却与成功擦肩而过。

大多失败的人其最重要的原因是拖沓，他们总认为“还有明天”，殊不知，如果你一直认为“还有明天”，那么，今天就永远是你的起跑线。

1. 为什么你总是比别人慢半拍

不要企图永远活下去，你不会成功的。

——英国现代杰出现实主义剧作家萧伯纳

元彬和李玉在同一家店铺上班，拿着同样的薪水。

一个月过后，元彬的职位一再上升，而李玉却还是原地踏步。面对这样的结果，李玉想不通，自己是大学毕业，而元彬只是初中毕业，老板怎么会偏袒元彬？

于是，李玉来到老板办公室问老板为什么对元彬和自己的态度差那么多？

面对李玉的疑问，老板没有明确回答，只是对李玉说："李玉，你现在去一下集市，看看今天早上有卖土豆的吗？"

李玉出去没有多久就回来了，他对老板说："只有一个农民拉了一车土豆在卖。"

"有多少？"老板又问。

于是，李玉又急忙跑到集市上，回来后对老板说："一共 40 袋土豆。"

老板又接着问:“价钱是多少?”听到这里,李玉心里很火大,他对老板说:“您没有叫我打听价格,是不是故意想整我啊!”听了李玉的话,老板还是没有说什么,只是把元彬叫了进来。

元彬进来后,老板对元彬说:“元彬,你现在去一下集市,看看今天早上有卖土豆的吗?”

听老板说完元彬便去了集市,不久后元彬回来了,他对老板说:“今天集市上只有一个农民卖土豆,一共40袋,价格是两毛五分钱一斤。我看了一下,这些土豆的质量不错,价格也便宜,于是顺便带回来一个让您看看。”

说完,元彬把土豆从提包里拿出来给老板看,然后接着说:“我想这么便宜的土豆一定可以挣钱,根据我们以往的销量,40袋土豆在一个星期左右就可以全部卖掉。而且,咱们全部买下还可以再适当优惠。所以,我把那个农民也带来了,他现在正在外面等您回话呢!”

听完元彬的话,老板对他说:“你自己决定这件事情就好了,现在你可以出去和农民讨论价钱了。”听了老板的话,元彬便出去了。

元彬走后,老板问李玉:“李玉,你现在感觉如何?”

李玉脸色羞红地说:“我现在明白了,学历并不算什么,只有真正能为公司赢得利益才是最重要的,我会努力像元彬学习的。”

在这个故事中,李玉虽然比元彬的学历高,但是,元彬的反应能力却是李玉无法比拟的。而现在的市场经济需要的就是像元彬这样有极快反应能力的人,而不是靠文凭混饭的书呆子。

李玉之所以会比元彬慢半拍子,是因为李玉没有认清自己所属的行业是一个什么性质的行业,在这个行业生存需要的是什么?

每个行业都需要不同的人才,而评断人才的不是学历,而是能力,因为能力才是一个企业能否起步、长存的关键。如果只有理论,没有实践,这样的人才只适合学校,不适合社会。

把握当下，不再错过

成功是什么？

成功是你站在别人的肩膀上看世界，而你有足够的能力掌控不让那人倒下。

成功不是每个人都能得到的，成功需要积极主动的态度。

面对竞争激烈的市场经济，想要成功无疑是更加艰巨的。成功是由积极性、主动性、创造性的发挥而形成的。虽然成功也需要埋头苦干，但是苦干的前提是有目的性的。

如果你在职场生涯中，总是比别人慢半拍，那么，这半拍就会成为带领你走下坡路的罪魁祸首。

在职场中，比的就是反应能力，如果你在做某件事情的时候，总是表现得比别人慢半拍，这样你无疑就成了单独被晾在起跑线上的一人，优差很明显就被区分了，这也是为什么那么多人都要力争在一条起跑线上，因为只有这样才不会显出自己的落后。

但是，实力永远是最重要的，在起跑的过程中，如果你还无法给自己定位，最终的结果还是被淘汰。

面对比别人少半拍的能力，每个人都应该努力的进步，了解自身的不足，努力拉近和别人之间的距离，只有这样才可以成功。

如果因为慢半拍而停止对自己的训练，这样的结果只会和成功彻底脱轨。

面对应该得到的成功，要做到主动出击，只有你比别人先一步触及成功的边缘，你才能有把握得到成功。

成功对每个人都有很大的诱惑力，如果在你面对成功的时候，你给自己找了一个借口，使成功与你错过，那时，你就只会生活在后悔里，因为错过就无法弥补。

当你错过了成功,你就有可能再也找不到事业的依托,因为事业和成功有密不可分的关系,而人的一生都在为成功而努力。

如果你的反应比别人慢半拍,那你就更应该努力,因为只有这样才能减少差距,如果你对于自己本身的缺点不管不顾,成功就一定会远离你。

在你能抓住成功的时候,就别作为成功痛哭的人,因为一旦错过,任何的后悔都无济于事。

2. 为什么总是差那么一点

如果你想要获胜,就必须要学会承受痛苦,胜利都是痛苦的。

——意大利足球教练卡佩罗

刘林和张智大学毕业后进入了同一家公司,在这家公司里他们做着同样的工作——业务。

看着自己本科的文凭却做了一名底层的业务员,刘林和张智不免都有些不满,但是迫于大学生不吃香的现状,为了生活不得不忍下这口气。

两个人每天早晨就要出去“拜访”,夜晚的时候才拖着疲惫的身体回公司,但是却不是每天都能签到单,有时候一连几个星期都没有业务。

面对这样的境遇,刘林越来越不习惯了,不停地奔跑已经使他消瘦了很多,而业绩的不成功却还要拖他的后腿,他觉得无论怎么做都是一样的。当这样的心理产生后,刘林对自己的业务越来越不上心,有时候还干脆躲在家里睡觉,在他的大脑里已经存在了只拿底薪的思想。

和刘林不同的是,张智在跑业务的时候,越来越意识到自己的不足,他看到了现实与学术不同的地方,他觉得自己还有很多地方需要改进。因此更加努力地奋斗,并且在奋斗的过程中,他不停地研究和思索怎样才能让自己用最短的时间,赢取最大的成功。

3个月过后,张智从业务员变成了部门经理,而刘林却还是停留在业务员的位置上,面对这样的结果,刘林很不服气,但是面对业绩,刘林却只能把“气”吞进自己的肚子里。张智的业绩是刘林的3倍多……

下班后,刘林找到了张智,说要请张智吃饭,以表示自己对张智的祝贺,张智知道刘林心里的想法,于是就跟着他走了。

到了饭馆后,他们找了一个靠窗的位置坐了下来。

一杯茶的时间,刘林就开始向张智发牢骚了,说出了他的不满,而对于刘林滔滔不绝地阐述,张智只是静静地听着。

当刘林说累的时候,张智问他,你觉得你在上门推销的时候,得到了什么结论。

刘林说,上门推销得到最多的就是不信任和“闭门羹”,每个人都像是守财奴一样,各个都舍不得掏自己的钱包。

张智对刘林说,你说得都不错,但是你却做错了,因为你把时间都用在了抱怨上,你给自己太多的空闲时间,你总是觉得每个人都是一样的,而你也习惯把对第一个顾客的不满投注到第二个顾客的身上,这样你自然不可能有业绩。面对自己不能说服的顾客,你应该找原因,仔细地研究别人拒绝你的理由,而不是一直抱怨,这样你只会在原地踏步,而你会抱怨是因为你放不下自己的学历,但是如果你连这点苦都吃不了的话,那你去哪里都是一样的。

张智的话让刘林一下子醒悟了,也让他彻底地清楚了自己失败的原因是“不思进取”。

挫折是每个人都会经历的,但是面对挫折的勇气和解决挫折的方

法却不是每个人都能做到的。

如果在面对挫折的时候，每个人都像故事中的刘林一样，结果无非是原地踏步，因为他没有给自己树立任何的目标，而且总是喜欢把责任推给拒绝他的人，这也是为什么他得不到成功的原因。

把握当下，不再错过

当一个人想要取得成功，却又喜欢把责任推给别人承担的时候，这会成为阻碍他成功的最大“死穴”，因为成功容不得半点推卸，而且成功是绝对需要不懈的努力才能得到的。

你在抱怨成功总是和你差半步之遥的时候，你是否针对别人踏上成功彼岸的理由做过彻底的分析，并能对别人的成功有充分的认识。

“理由”在任何时候，都是为自己的不成功找借口。而借口越多，成功也就偏离得越远。

每个人在拼搏的道路上都不是一帆风顺的，只有经历了挫折、磨难，这样的成功才是真的成功。

成功在任何时候都是需要人们付出汗水的，成功若是没有经历过付出，那么成功的守望值也得不到提高。

当你有时间去嫉妒别人成功的时候，为什么不好好地想想自己失败的原因？为什么同等的学历，别人成功的几率会那么大，而自己一直和别人差异悬殊？

成功向来不是靠抱怨取得的，成功靠的是经验、适应能力、承受能力、学习能力和应变能力。

当你在抱怨自己总是和成功失之交臂的时候，你有没有试着考虑，你做到了上面的几点。

成功就是靠坚持不懈的努力得到的，当成功总是在你快要接近的时候，又猛然地离开，是因为你自己还不够坚定。你不知道这个成功是不是成功，又或者说，你觉得出现在你面前的根本就不是成功，当别人抓住的时候，你才恍然大悟，原来成功刚从自己的身边溜走。

挫折是走向成功的过程中所必须经历的，因为只有经历了挫折的洗礼，人们才会珍惜成功的来之不易。而一个人之所以总是和成功产生距离，是因为总是把自己摆在被动的位置，不懂得主动出击。

成功向来是不等人的，如果一个人总是借口自己还可以得到更好的，那样无疑是把成功拒之门外，因为成功也是靠积累而来的。

如果故事中的刘林当时能把自己的心态放正，那自然成功也不会和他擦肩而过，当他在抱怨成功和自己不对拍的时候，却总是不找自己的原因，这样的结果也正是成功不理会他的原因。

如果一个想成功的人连自己的缺点都看不到，那么，成功自然不会光临。每个想成功的人都应该注意：要想成功首先就要有接受成功的经验，不要总是用抱怨把成功轰走，而是应该讲究方法，只要方法对了，成功自然也就来了。

3. 优柔寡断让你错过良机

在胆小怕事和优柔寡断的人眼中,一切事情都是不可能办到的,因为乍看上去似乎如此。

——英国19世纪著名的历史小说家、诗人、作家司各特

在印度,有这样一位非常知名的哲学家,他从小非常喜欢思考,对哲学有很透彻的研究。由于热衷于哲学,在35岁的时候,他还没有结婚。

有一天,一位女子来到他的门前敲门,这位哲学家打开门后看见一个非常有气质且漂亮的女人站在他的面前,这个女人说:“让我做你的妻子吧,如果你错过了我,你将再也找不到比我更爱你的女人了。”哲学家听了女人的话,非常的满意,但他对于结婚好还是不结婚好这个问题一直没有答案,为了做出正确的选择,他对那个女人说:“让我考虑考虑吧!”

之后,哲学家投入到了是结婚好还是结婚不好这个问题的研究当中,他把结婚和不结婚的优点和缺点全都列了出来,然后进行对比、论证,经过8年的实事访问和研究,他发现优点和缺点都是均等的,这让他很难选择,于是陷入了深深的苦恼之中,每次在找出一个新的理由

的时候，另一个理由也会随之产生，给他的选择带来更多的困难。就这样又过了两年，他认为在结婚和不结婚之间，对于不结婚他已经有所体会，而结婚会给他带来什么，他还一无所知，他应该答应那个女人的请求，想到这里，他下定决心和那个女人结婚。

来到了那个女人的门前，敲开门之后，开门的是那个女人的父亲，这个哲学家说："请你告诉你的女儿，我决定和她结婚。"女人的父亲很迷茫地看着这个哲学家，然后用很冷漠的语气说："你用了10年的时间去考虑是否要和我女儿结婚，而我的女儿现在已经是3个孩子的母亲了！"

哲学家听到这个消息后，非常的痛苦，没想到自己潜心研究了10年的哲学最后却是一场空，之后一年里，哲学家忧郁成疾，在临死之前写了一份遗书，遗书上说："人生没有彩排，错过了就错过了，不会再重新开始。"

在生活中，很多人不是像这位哲学家一样，做事患得患失、优柔寡断，在该决定的时候不能够及时出手，等到再去寻找的时候，已经错过了。

虽然这位哲学家有非常渊博的知识，对哲学有很深的研究，但是因为优柔寡断而使他不能果断地做出决定。他不知道这件事是好是坏，从而一直在犹豫着，最终错过了与爱人长相厮守的机会。在做每一件事的时候，即使在过程中犯一些小错误，对我们的成功来说也没有太大的影响，因为这件事始终是在向前推动的，但是你如果优柔寡断而不能确定的话，那么，你就会错过成功的机会。就好像是一个想要过河的人，一直站在河边担心这河水是深还是浅的问题，而不付诸行动。试问，如果你不下去试一下，你怎么会知道河水的深浅呢？如果这样一直犹豫你将永远过不了河。

把握当下，不再错过

每个人都渴望着成功，成功给予每个人的机会都是相等的，但是在这个世界上总是有成功者和失败者，成功者和失败者的区别究竟在哪里？主要在于他们有不同的心理素养，成功者在面对机遇的时候能够当机立断做出决定，而失败者之所以会失败，就是因为在机遇面前，他们总是优柔寡断，最终错过了机会。

优柔寡断的人是一个没有毅力抓不住机会的人，当一个成功的机遇降临在他们面前时，他们总会说："再等等吧！"当他想要抓住的时候，成功的机遇已经跑得无影无踪，成功对于他们来说，就像从镜子里看到一桌丰盛的晚餐，可望而不可即。

有一个刚毕业的大学生，在工作了几年之后决定回老家创业，老家是一个苹果生产基地，每年苹果成熟之后农民都要拉到10里之外的地方去买，这个大学生一直想在这里开一个水果收购中心，可总是担心投入之后没有效益。经过一年的谋划，尽管计划已经很成熟了，可他还是犹豫不决，担心失败。这一年，同村的一个农民用一辈子积攒下来的积蓄开办了一个水果收购中心，开业之后，生意越来越好，第二年，这位农民就在自家院子里盖起了楼房，这个大学生后悔不已。大学生和农民相比有很大的优势，有知识、有素养、会管理等，这些都是农民所不具备的，但他比农民少一样，那就是果断，在机会成熟之后不能像农民一样果断地执行，总是怕东怕西，最终错过了机会。世界上最可悲的人莫过于优柔寡断，这类人面对一件事情，明明自己已经具备了一切条件，可由于心理的原因而不知所措，成为了他们成功的绊脚石。

到底是什么原因让一些人优柔寡断呢？

第一，这类人的意志不够坚定，在遇到困难或者紧急情况时，脑海

中出现了很多的方案,但不能及时判断出该选哪一个方案。

第二,在做事的时候,由于缺乏一种积极、自觉的态度,对某件事不能加以深刻的了解,没有意识到某件事的重要性,导致在决策的时候总是抱着一个无所谓的心态或者期待会有更好的机会。比如,有人拿个东西向你扔来的时候,你总是会果断地躲开,因为你意识到如果不躲开的话自己肯定会受伤,同样的道理,如果你能够清楚地认识到事情的重要性,那么,你肯定会果断地做出决策。

第三,在工作的时候缺乏主见,这类人总是不能够独立思考问题,不管在生活和工作当中,总是跟着大流走,看别人脸色办事,别人说怎么样做他就怎么做,养成了一种依靠他人的习惯,导致了这类人在需要自己做决定的时候,总是畏畏缩缩,优柔寡断。成功当然会和他没有缘分。

第四,莎士比亚曾经说过一句话:“智虑是勇敢的最大要素。”很多人对事情缺乏全局的判断,对一些问题不能够抓住要害,缺乏成熟的思考,盲目行事,导致在不适当的时机出手或者犹豫不决。对于一件没有把握而又不得不做的事情,相信很多人都会难以抉择。所以,在做事之前,首先要做一个周密的计划安排,做到心里有数,这样才能让你充满信心地去抉择。

所以,一般成大事的人是不会优柔寡断的,因为他们知道,机会就是上天的恩赐,如果你不能够及时地抓住,你就会在瞬间失去它,永远没有成功的机会。患得患失的人只会让前面的路越来越窄,只有果断地去处理每一件事,你才会离成功越来越近。

4. 你的命运是你自己主宰吗?

平凡的人,听从命令。只有强者,才是自己的主宰。

——法国作家维尼

阿军出生在一个贫困的家庭,18岁那年,不甘心一辈子早出晚归地做农民,他怀着美好的梦想来到了深圳,想在这个让很多人向往的地方实现自己的梦想,

由于没有文化、没有技术,所以很难找到工作,后来听说香港人特别有钱,于是就想逃到香港去,进行了3次偷渡,都被抓了回来,并关在了拘留所。在拘留所里面,他感到前所未有的困惑,本想改变自己的命运,到最后却被抓到了拘留所,是放弃回家还是继续在这里生存?经过激烈的思想斗争后他决定继续去实现自己的梦想。

从拘留所出来之后,他已经身无分文,半个馒头都要分几次吃,以缓解饥饿之苦。后来在一位好心人的帮助下帮人家卖菜,晚上就睡在菜摊上面。由于自己的努力这次他赚了一点钱,用这点钱买了一辆三轮车,自己开始贩卖水果,那时城管队抓得很紧,几乎每天都是在和城管"打游击",有时候被城管抓住,好几天就等于白辛苦了。有一次,他

进了一批香蕉，在骑三轮车回去的路上，天降大雨，接下来的几天一直不停地下雨，没有卖出去几斤，这批香蕉在短短的几天全部烂掉，这一次又让他陷入了身无分文的境地。

他没有被这一次次的失败所击倒，后来他发现在侨社住的香港人特别多，而且没有卖水果的，他想在这里设一个卖水果的点，生意一定会非常好，他向朋友借了一些钱，开始在这里卖水果，生意果然不错，很快他又有钱了。可是他想，如果还是这样和城管“打游击”的话，肯定没有什么发展，于是他去找侨社的老总想在这里租一个店铺。他第一次去找侨社老总时，老总让保安把他赶了出来，第二天他拿了一些水果又去找老总，老总看见又是他，马上叫保安又把他赶了出来。

出来之后他在门口一直等着，希望能够见到老总，一直等到下午，老总出来后他马上追了上去，老总看见了他，但是并没有理他，他赶紧说：“我只说几句话就走，我想在侨社门口开个水果店，这里的香港人特别喜欢内地的水果，相信一定会吸引更多的香港人。”老总听了之后并没有说话，径直走到自己的车前，开车回了家。

第二天，阿军买了一些礼品租了一辆出租车，老总下班之后，阿军就让出租车跟着老总的车，可是由于路上车多，最后还是跟丢了，阿军没有放弃，他相信只要自己坚持就一定会成功的。直到第5天的时候，他才跟到了老总的家，老总在上楼时，一扭头就看见他，好像是在意料之中，老总将阿军让到了家里说：“找我的人很多，可是没有一个像你这样执著的，好吧，我就把门口那间铺子以最低的价格租给你，希望你能为我带来更多的客户。”

阿军有了这个固定的水果销售店之后，生意越来越好，就在这个水果销售店的支撑下，他涉及了更多的行业，目前的资产已上千万，在他名下的公司有实业公司、房地产公司……

阿军成功了，他凭着坚韧的毅力主宰了自己的命运，从一个没文化的农民，通过自己艰辛的努力成为了一个资产上千万的商人。如果

阿军在遭受到种种困难和挫折的时候放弃自己的梦想，那么他也不会有今天的成就。

在我们的身边，有多少有文化、有素质的人的命运是自己主宰呢？也许很少，我们每天都在为生活而生活，或者说只是生存。在工作生活中遇到困难的时候，我们总是想依靠别人，或者直接向困难低头；遇到挫折的时候，我们就会唉声叹气，没有了自信；遇到一点失败的时候，我们第一想到的不是去转变，而是放弃。在困难和挫折面前我们学会了妥协，在失败面前我们学会了放弃……这是一个多么可悲的事情，试问，这样的我们怎么能够主宰自己的命运呢？

“平凡的人，听从命令。只有强者，才是自己的主宰。”这是一段很平凡的文字，但是我们从中却能领悟到那种不认输、不抛弃、不放弃的精神，只有这种人才是真正的强者，而平凡的人只能够抱怨命运的安排了。

把握当下，不再错过

“智者一切求自己，愚者一切求他人。”这是卡莱尔说过的一句话，他告诉我们一切的成功都要靠自己，这才是一个聪明人的选择。如果你把你的成功托付给了别人，那么，你的命运也将会由对方主宰，你的成功终究会成为泡影。郑板桥曾经对自己的儿子说：“靠天靠地不如靠自己，只有自己才能主宰自己的命运。”

在战国时代，有这样一个父亲，他的儿子即将出征打仗，在儿子出发前父亲拿出一个非常精美的剑盒，里面插着一把剑，父亲告诉儿子：“这是我们世代相传的宝剑，你带着它将力量无穷，但是千万不能拔出来。”儿子带着剑出征了，果然在战场上所向无敌，打退了敌人一拨又一拨的进攻，在喜悦之时儿子禁不住诱惑，忘记了父亲叮嘱，拔出了那把宝剑，就在这一瞬间儿子惊呆了，呈现在他面前的是一把生锈的铁剑,“原来我一直背着的是一把铁剑……”儿子的意志瞬间被摧毁,结果在战乱中死亡。硝烟过后,父亲看着儿子的尸体沉重地说:“不相信自己,永远成功不了。”儿子在战斗中,凭自己本可以成功,只是把自己的成功寄托在了宝剑身上,一旦宝剑倒下,自己也将随之倒下。

在我们的生活中,有多少人曾把自己的成功交给了别人,希望依赖别人取得成功,自己却不加努力。试问,如果一旦别人倒下了,自己还能够成功吗?显然他的成功将会成为泡影,他也永远主宰不了他的命运。

海伦·凯勒是我们所熟悉的,她在出生19个月后,就失去了视力和听力,由于病痛的折磨,最后成为了又聋、又哑、又盲的重度残疾人。最后在一位优秀的老师安妮莎莉的教导下,海伦·凯勒打开了心灵之窗,最后考入了美国哈佛大学得克利夫学院,并用盲文写了一本《假如给我三天光明》,最后还成为了出色的演说家。可以说,一个正常人都难以办到的事,又聋、又哑、又盲重度残疾的海伦做到了,在她成功的路上付出了比常人多几十倍的努力。面对自己的状况,她没有放弃,没有对所谓的命运低头,始终用一颗坚强的心面对着生活,用自己的行动主宰了自己的命运。

要做一个强者,成为一个成功者,首先应该对自己负责,在遇到一点困难和失败的时候,不要认为这是上天的安排、这是自己的命运,一颗种子种在地里,发芽是要靠自己的;一只蝴蝶要看到百花的美丽和妖娆,要靠自己冲破蛹壳……

记住,自己的命运是自己能够改变的,是完全由自己主宰的,成功者永远靠自己的力量立于不败之地。

5. 你的疑心让你迷失了方向

多数人的失败，都始于怀疑他们自己在想做的事情上的能力。

——英国19世纪著名的历史小说家、诗人、作家司各特

有两个年轻人，小风和小云，想趁自己年轻的时候去探险，感受一下野外的刺激，于是他们带着食物、水和足够的钱，开着一辆越野车就出发了。

在见识了崇山峻岭的风景之后，二人都非常激动，都为自己的这次出游而大叫值得。在游玩过他们所计划的景区后，二人不约而同地冒出一个新的想法：在一望无际的沙漠上会是一种什么感觉呢？

于是他们决定挺进沙漠。

在进入沙漠30千米之后，在他们面前仍然是一望无际的沙漠，这让他们很是惊异，他们从来不知道沙漠原来有这么大，于是他们决定继续往前走，看看沙漠到底有多大。大约又开了20千米，他们车的发动机突然熄灭了，下来一检查，原来发动机爆缸，车根本无法行驶。他们决定步行回去，收拾好东西在往回走的时候他们傻眼了，后面的车轱辘印都让风沙盖住了，如果朝一个方向走至少要50千米，问题是现

在根本无法辨别方向,拿出手机,一点儿信号也没有,他们这时才意识到了问题的严重性,拿出水一看仅剩一瓶矿泉水。

小云看到此情况,显得有点害怕,面对这一望无际的沙漠,心想,自己肯定走不出去了,莫非这就是自己的葬身之地,想着想着就掉出了眼泪。

小风想,今天确实挺倒霉的,不过如果走的话,一定会走出去的。

于是小风安慰了小云几句,然后带着小云一直朝一个方向走去,走了大约30千米的时候,最后一瓶水也喝完了,但前面仍是无尽头的沙漠,小云想,看来自己真的走不出去了,他越这样想,浑身越觉得累,索性躺在了地上。小风虽然也很累,但他想,已经走了这么长的路了,不远的前方肯定就是沙漠的边缘,自己一定会走出沙漠的,想到这里,他身上又来了劲。

就这样小风扶着小云,一步步艰难地往前走着,每当自己特别累的时候,他总是想,翻过前面的那座山一定会看见绿色的,他们不知道走了多久,最后翻过一座山的时候,他们果然看见了绿色,在小风的坚持下,他们走出了荒无人烟的沙漠。

如果总是怀疑自己的能力,那么,就容易在成功的路上迷失方向,最终错过与成功的约会,小云显然对自己缺乏信心,在遇到困难的时候,不是在想怎么去解决,而是怀疑自己的能力。小风是一个对自己充满信心的人,在困难面前,他总是对自己充满信心,总是相信自己有这个能力成功,这才是他成功走出沙漠的主要原因。

丹麦童话作家安徒生曾经写了这样一个故事,说一只丑小鸭,在出生后十分的瘦小,和其他的小鸭子长得也有些差异,所以很多的鸭子都瞧不起它,但它没有埋怨自己,默默无闻地每天训练着自己。日复一日年复一年,最终它变成了一只美丽的白天鹅,让所有鸭子都羡慕不已。这虽然只是一个童话故事,但是它告诉我们,如果一个人总是怀疑自己的能力，那么，就只能忍受失败的煎熬，只有对自己充满信心，才有成功的机会。

把握当下，不再错过

著名画家保罗有一幅作品叫《我是谁？我从哪里来？我到哪里去？》这幅经典的作品曾震惊了全世界，这幅画所表现的主题就是现代人对自我的迷惑和茫然。

在我们奔向成功的路上，遇到困难的时候我们是否迷茫过？在一份工作做了很久之后没有成绩的时候，是否对自己产生过怀疑？相信每个人都遇到过这样的问题，由于处理的方法不同，所以，结果就截然不同。

一名大学生在毕业之后，找了一份与自己专业对口的工作，在努力工作了 3 年之后，他发现自己仍没有达到自己的目标，于是他开始怀疑自己的能力，自己是不是选错了职业呢？是不是没有这方面的能力呢？继而产生了困惑，也迷失了前进的方向，这样的事情在众多刚毕业的大学生当中极多，产生这种想法的原因首先是对自己缺乏自信，本来有着明确的目标，可随着时间的推移慢慢地对于自己的目标产生了怀疑。在这个时候，如果能够适当地调整心情，相信很快会重新坚定自己的方向，但是很多人在这个时候对自己一直持有一种怀疑的态度，最终让自己迷失了方向，与成功擦肩而过。

在我们生活的周围，有很多人是成功者，这些成功者让我们羡慕和钦佩，但如果我们了解他们的话会马上发现，其实在他们成功的背后有很多的坎坷和磨难，有些东西可能是他们自身的缺陷，但他们没有放弃，他们认为这些缺陷是铸就自己的熔炉，越发地坚定了成功的决心，在面对这些坎坷和磨难的时候抓住了自己的自信心。相信自

己,才能够勇敢地面对一切,在这里我们首先改变的是面对困难的态度,俗话说:“困难像弹簧,你硬它就软。”在困难面前,我们如果表现出的是软弱,那么接踵而至的还是困难甚至失败。我们不仅要拥有自信及坚定的态度,而且还需要宽广的心胸,在面对困难的时候我们才会显得更加的从容和自信。

第五章

错过亲情，只因你忽略了他们

人与人之间是由感情来维系的，每个人都有感情。可是，越是亲近的人，我们越是容易忽略，越是容易伤害。

不要因为自己的粗心大意而忽略了身边最爱你的人，感情错过了，就可能是一辈子的过错。多关心身边的人，不要让你的大意铸成了无法挽回的错误。

1. 有的错过可以转化，有的错过就是过错

我们不可能在晚秋时节还会找到我们在春天和夏天错过了的鲜艳花儿。

——19世纪法国批判现实主义作家奥诺雷·德·巴尔扎克

小军的父母是军人，由于工作关系，照顾小军的责任就落在了奶奶的身上。小军很听话，不但在学习上不落人后，生活中也给奶奶省了不少事。小军有时会对奶奶说："奶奶，以后我有钱了，就把你接到大城市里去，我好好孝顺你。"

小军到了高中，就随着父母工作的调动去了外地。高中之前一直和奶奶生活在一起，要真的分开了，还真有点舍不得。不过，小军答应奶奶会经常回来的。

到了父母身边，小军的学习压力一下就大了，父母对他的学习抓得很紧，被功课牵绊着，小军一直没有时间去看奶奶。

后来，小军考上了一所名牌大学，再后来有了女朋友……被幸福包围着的小军对奶奶的记忆也开始模糊了。小军大学毕业了，找到了一份稳定的工作，可是这时，他却接到了奶奶去世的消息。

小军一个人躲在房间里，一天没有出来。奶奶的形象一点一点在

他脑子里清晰了起来，他已经不记得有多长时间没有见过奶奶了。

在小军的脑子里，那条崎岖的小路，那个有些驼背的瘦小身体，那个在炎热夏天为自己扇扇子的爬满皱纹的手，那个半夜起来背着生病的自己走十几里路去诊所的奶奶……这一切小军曾经忘记的画面又慢慢浮现出来，小军的眼泪流出来了。他知道，自己错过了，而这个错过是他一生都无法弥补的过错。

有的错过是可以转化的，而有的错过就会成为无法弥补的过错。人是感情动物，在所有感情中，亲情是最无法取代的，同时，也是我们最容易忽略的。在很多时候，只有失去了才知道它的可贵，“错过”和“过错”在字面上看只不过是顺序的不同，可是，所包含的意思却完全不同。“错过”在有的时候是可以转化的，可是，有时“过错”造成了，那就是一辈子的遗憾。

把握当下，不再错过

如今，通信设备越来越先进，给我们带来方便的同时，这些冰冷的机器却拉开了心与心之间的距离。

不可否认，这些设备让我们的生活更加丰富，可是，当你在玩电脑的时候，你或许错过了和父母好好聊聊的机会。

现在，很多家庭都是和父母分开住的，尤其是在大都市打拼的年轻人，他们暂时还没能力将父母接过去。所以，他们只能用电话来联系家人，双方也只是“只闻其声，不见其人”，他们永远也不知道自己错过了什么。爸爸或许戒烟成功想兴奋地告诉儿子，电话通了，想说的话太多，说来说去也没说到戒烟上，最后，儿子却因为忙而匆匆挂断了电话，爸爸也只好带着僵硬的笑容放下了电话；妈妈新学会了一道菜，想第一个做给儿子、女儿吃，可是……

或许你不知道，多少次，父母徘徊在电话旁，想拨通那个早已熟记于心的号码。可是，怕影响你工作，所以，拿起的电话又放下了。没错，亲情是最伟大的，在遇到困难时，最先来到你身边的，总是你最亲的人。也正是亲情的伟大让很多人忽视了亲情，他们认为亲情永远不会消失，他们总把“以后”留给亲情，总想着“以后好好孝顺父母”“过段时间再给家里打电话也行”……殊不知，他们已经错过了太多太多，要知道“树欲静而风不止，子欲养而亲不待”。把你的现在留给亲情吧！让你的亲情不再有“错过”。

常常回家，让家人感受到你的存在。不要以“忙”为借口，因为，永远有忙不完的事。如果身处外地，常常打电话回家，让家人多听听你的声音。相信这样会让你和家人的距离越来越近，不会因为错过而犯下让自己无限悔恨的“过错”。

2. 母亲的生日

开始吧,孩子,开始用微笑去认识你的母亲吧!

——古罗马诗人维吉尔

在很多人眼中,小晴都是幸运的女孩。小晴在一个良好的环境中成长,是一个活泼开朗的人。小晴被无数的爱包围着,爷爷、奶奶、外公、外婆、父母、朋友……

每年小晴的生日都会有很多人参加,而这天也是母亲最为受累的一天,因为母亲不想在外面吃,所以,做饭就成了母亲的工作。母亲要忙上整整一天来为女儿过生日,从买菜到洗菜再到做菜,直到收拾残局……都是妈妈一个人在忙。

母亲每年都会记得小晴的生日,而且,也会为女儿精心挑选礼物。可是,小晴却错过了母亲太多的生日,母亲从没听过小晴说:"妈妈,生日快乐。"小晴甚至不知道母亲的生日是哪一天。并不是她记不住,而是她没想过要去记。

随着年龄的增长,小晴身边的朋友也多了起来。一天,小晴问妈妈:"妈妈,后天就是我最好朋友的生日,你说我该送她什么礼物呢?"

母亲的笑容有些僵硬,因为,后天也是她的生日。

后天,小晴带着精心准备的礼物去了朋友家里。她不知道,她关上门后妈妈的表情。独自在家的妈妈负责家里的家务,爸爸每天在外工作。当小晴和朋友尽情疯狂的时候,妈妈却在吃着昨天剩下的饭菜,没有蛋糕,没有祝福,没有家人在身边。妈妈早已熟悉了这种生活,可是,心里还是不免有些伤感。

有很多人都是这样,脑子里有十多个朋友的生日,可是,唯独缺了母亲。或许母亲并不在意这些,可是,为人子女,连自己母亲的生日都不记得,是不是太不合格了。

每到自己的生日,我们总是在母亲怀里撒娇,想让母亲给自己买心仪已久的礼物。可是,我们有没有想过,母亲的生日是如何过的。

连自己母亲生日都会错过的人,永远不知道自己还错过了什么。

把握当下,不再错过

母亲要的并不是一个隆重的生日宴会,或许只是一家人坐在一起有说有笑地吃饭。或许母亲要的并不是一个生日,而是子女可以常回家看看。

母亲是这个世界上最伟大的人,她不仅给了我们生命,还用自己的行动告诉我们,什么是牺牲。随着我们年龄的增长,我们外出上学、工作,在母亲身边打转的时光越来越少,当我们羽翼渐丰,我们不再需要母亲的保护,也开始厌烦了母亲的唠叨。我们与母亲之间的距离越来越远,这不仅仅是空间上的距离,心灵的距离也远了。可是,母亲依然爱着我们,依然不厌其烦地叮嘱我们在外要注意些什么。这就是母亲,不管我们怎样无视她的存在,她依然是我们最坚强的后盾。

母亲的爱是无私的,无论什么时候,母亲都不会抛弃我们。或许正是因为这个原因,很多人开始忽视母亲,与母亲的沟通越来越少。

不知道从什么时候，变成了母亲主动给我们打电话，因为我们“忙”得一个月都没往家里打电话了。

不要把母亲的爱当成理所当然，世界上没有理所当然的事。分出一点儿时间给自己的母亲，你会发现母亲最美的笑容。如果你身在异地，那就多给母亲打打电话，或许母亲已经在电话旁守候多时了。回家了多陪陪母亲，而不是将大把时间分给自己久违的朋友，要知道，母亲也很久没见到你了。

为人子女，不要总是把自己的生日挂在嘴边，而忽略关于母亲所有的事。母亲的头上又添了几缕白发，母亲的身体一天不如一天，母亲的背越来越弯了……这些，作为子女都要时刻关注，不要让母亲觉得孤单，在享受母爱的同时，也让母亲感受到你的关心。

3. 女儿出走

在子女面前，父母要善于隐藏他们的一切快乐、烦恼和恐惧。

——英国哲学家、作家培根

倩倩是在父母的严格管教下成长起来的，在父母眼中，倩倩是一个听话的孩子，倩倩也从没让他们失望过。从小到大，倩倩的学习成绩都很好。爸爸在外工作很忙，虽然和倩倩很少见面，但对倩倩的学习还是很关注的。妈妈则是一心在家里照顾倩倩的饮食，最重要的是“照顾”倩倩的学习。

父母在给倩倩良好物质条件的同时，也给了她极大的学习压力。倩倩每天除了要完成老师布置的作业，还要完成妈妈布置的额外作业。父母对倩倩的照顾可谓无微不至，从来没让倩倩干过一点儿家务活，可是，这种“衣来伸手，饭来张口”的生活并没有带给倩倩多大的快乐，反而让她有些难以接受。

很快，倩倩读到了高中，因为离家较远，所以要住校，每周回家一次。不过，这对于倩倩来说，倒是一件好事，因为终于可以离开父母的“监视”了。高二暑假时，妈妈经常接到男孩子打给倩倩的电话，虽然旁敲侧击问过,但并没有得到答案。妈妈给了倩倩严厉的警告:不许在校谈恋爱。

虽然倩倩答应了,可是,妈妈还是不放心,所以,有一次趁着倩倩不在家便偷偷打开了倩倩的抽屉,翻看了倩倩的日记。在里面,妈妈并没有找到恋爱的痕迹,这下她放心了。

自己放的东西自己是最清楚的,倩倩跑到妈妈面前"质问"妈妈,妈妈虽然理亏,可还是理直气壮地说:"我是你妈妈,看你日记怎么了?我也是为你好……"

一气之下,倩倩扔下了"我再也不要回这个家了"这么一句话,便跑出了家门……

相信天下所有的父母都是爱自己的孩子的,可是,每位父母爱子女的方式又有所不同,很多父母错误地认为,给子女最好的生活,让子女上最好的学校就是对子女好。可是,他们却忽视了子女心灵的变化,忽略子女内心真实的想法。殊不知,子女最需要的不是这些。

很多父母可能因为工作忙,对子女的关心,尤其是心灵的关心不够;或是过于"紧张"孩子,对子女太严格,进而与子女的关系渐渐疏离了。一些父母为了掌握子女的一切,会做出一些让子女无法接受的行为,而这些行为,也进一步加深了父母与子女之间的矛盾。

把握当下,不再错过

相较于儿子,父母对女儿的保护似乎更加严密。女儿晚一点回家会担心,女儿要出去总是担心,有人打电话找女儿,父母也总是刨根问底。总而言之,只要女儿离开了自己的视线,父母就会很担心。可是,他们不知道,这样反而会让女儿更加叛逆。她们可能还不能完全理解父母的用心,所以,在误会中矛盾就产生了。

父母因为过于关注子女的学习或是隐私,进而忽略了子女内心的变化。子女需要的是可以理解自己的父母，作为父母，您是否想过，有多久没有和子女坐下来聊聊天了？有多久没有和子女坐下来好好吃一顿饭了？有多久没有带子女出去玩了？一些父母借口工作忙，对子女的承诺一再食言。而一见面，对子女说的话就是："怎么样，学习有没有退步啊？"

在很多时候，孩子任性、闹脾气，其实，只是想引起父母的注意，可是，父母对于这些"小聪明"总是视而不见，认为这是孩子的无理取闹。作为父母，在给予孩子温暖家庭的同时，还应时刻关注孩子的心理变化。孩子在成长过程中会遇到很多困惑，此时，父母应该做的就是耐心引导孩子，而不是一味的催促孩子学习、学习、再学习。

作为父母，不要错过孩子的每一个变化，无论是生理还是心理，父母都有义务去帮助孩子走出来。不要娇惯孩子，更不要用过于严格的态度对待孩子。把孩子当成朋友一样去尊重，这样培养出来的孩子才会更阳光。

4. 因为你的错而错过了你的爱情

爱一个人意味着什么呢？这意味着为他的幸福而高兴，为使他能够幸福而去做需要做的一切，并从这当中得到快乐。

——俄国哲学家、文学批评家尼古拉·车尔尼雪夫斯基

小敏和小光是一对让人羡慕的情侣，男才女貌，他们的恋情得到了包括双方父母在内的所有人的祝福。他们像所有恋人一样，一起逛街，一起看电影，一起勾勒未来美好的生活画面，一切都是那么美好。

小光是个很细心的人，小敏只要有一点小病痛，他都能及时察觉，然后，悉心照顾。这一切都让小敏很感动。小光给了小敏最美好的承诺：等到事业稳定了，他会让小敏成为最幸福的女人。

就因为这个承诺，小敏一直默默地支持着小光。小光在工作上遇到了烦恼，小敏也总是想办法逗他开心，小光得到了上司的肯定，小敏比他还高兴。他们的生活简单而充实。

小光因为表现突出，很快被提升为了副经理。小光为了不让领导失望，为了可以有更好的发展，他比以前更加卖力工作了。就这样，小光陪小敏的时间少了。小敏生病了，小光也不在身边，这一切，小敏都没有责怪小光。

两个人的年龄也不小了，双方父母都在催他们早点结婚，可是，小光的态度让小敏有些失望，小光说：“我才刚刚升为副经理，要是现在结婚，领导肯定要说我只顾家庭不顾工作了。”

一次，他们一起去逛街，不经意走到了一家婚纱店的门口，小敏的脚步停下了，看着橱窗里漂亮的婚纱，想象着自己穿上它的样子，小敏心里甜甜的。小敏扭头正想和小光说的时候，她却看到小光正在不远处打电话，完全没有注意到她脸上的表情。要是在以前，小敏的每一个表情小光都会不错过的。两人之间的距离越来越远，小敏为了不打扰小光，总是一个人默默地承受着一切。小光呢，总是因为工作忙而拒绝小敏的一次又一次约会，直到小敏提出分手。

其实，恋人之间并没有真正的谁对谁错，可是，恋人之间常常会因为误会而产生很多矛盾。两个人离得太近，就会因为看得太清而争吵，两个人离得太远，就会因为距离而疏远。恋人之间只有把握好那个度，才能让恋情好好发展下去。

同样是一对恋人，可是，就会因为相处方式的不同而产生不同的结果。

把握当下，不再错过

一段美妙的爱情是少男少女们都向往的，在茫茫人海中，有多少人与自己擦肩而过，而与自己牵手的人只有一个。可是，很多恋爱中的人在牵手之后却不知该如何相处，他们之间会有矛盾，会因为对方的错误而闹分手，很多恋人也是在这种境遇下不欢而散的。

一段恋情的开始大都是美好的，可是，结束却显得很凄凉。男孩、女孩都享受追求的过程，在这个过程中，双方的一切都是完美的。可是当两个人的关系近了，缺点也就变得更明显了。

爱情对于每个人来说，都是极其珍贵的。可是，要维持爱情却很难。一些恋人会因为小事而吵架,会因为男朋友不愿意为自己买心仪的包而负气离开……总之,很多误会都是在这种情况下发生的。

虽然说爱情中没有谁对谁错,可是,让误会慢慢扩大就是双方最大的错误。爱情是需要两个人来维系的,其实,越是恋爱中的人,越容易忽略对方。都希望对方为自己付出得更多,进而总是等待着对方可以为自己做些什么。此时,爱情其实已经渐行渐远了。在生活中,很多恋人会因为自己的疏忽而做出让对方生气的事,可是,更大的导火索就是那个人还全然不知。

还有一些人是因羞于表达而错过了自己的爱情。不要忽略爱情道路上的任何细节,爱情既坚韧又脆弱,不要去测试它的坚韧度,更不要高估它的坚韧度。既然拥有了爱情,那么,就要好好把握,多为对方着想,而不是为了工作、朋友,或是一些无关紧要的事而忽略了即将与你共度一生的人。

5. 懂得爱情，才能抓住爱情

爱情里要是掺杂了和它本身无关的算计，那就不是真的爱情。

——英国著名作家威廉·莎士比亚

在小锋的热情追求下，莹莹终于答应了小锋做自己的男朋友。这对于小锋来说，是一件天大的好事，恨不得让全天下的人都知道。看着这么漂亮、优秀的女朋友，小锋发誓一定要好好对待她，一定不让她从自己的身边溜走。

自从莹莹答应了做小锋的女朋友，小锋就想尽办法讨莹莹欢心，时不时给莹莹一个惊喜。比如，一周送一束鲜花到莹莹的办公室，亲手做午餐送给莹莹。莹莹的同事还开玩笑说，莹莹找了个保姆男朋友。主要还是因为，小锋把能想到的事都替莹莹做了。小锋的这种做法不但没有得到莹莹的称赞，反而让莹莹觉得很不自在。

小锋每天都要打十几通电话给莹莹，莹莹去见一个朋友，他恨不得把那个朋友的祖宗八代都调查清楚。莹莹说周末有事不能去赴约了，小锋也是不依不饶的一定要搞清楚莹莹到底去做什么了。

当小锋去接莹莹下班时，看到莹莹和男同事有说有笑地走出来，他就会立刻冲上去，用可以杀死人的眼神看着那个男同事，让那个男同事尴尬不已，连莹莹也觉得有些尴尬。生气的莹莹对小锋说："以后别来接我了。"可是，小锋的回答让莹莹有些哭笑不得："你又不做亏心事，干吗害怕我来接你。"

面对无理取闹的小锋，莹莹无奈地提出了分手。她也知道，小锋很喜欢她，可是，她也清楚，她要的爱不是这样的。尽管提出分手之后，小锋无数次地找过莹莹，可是，莹莹依然没有给小锋任何机会。

只有懂得爱情的人，才能把爱情牢牢地抓住。爱，要给彼此空间；爱，要信任对方；爱，要理解对方……

很多人都是在历尽几番周折后才得到自己心爱的人，可是，往往因为不懂得爱情，而让爱情得而复失。

爱情不是占有，有时你抓得越紧，反而会失去得更快。当你忽略对方的感受，一味按照自己的意愿去理解自己所谓的爱情时，那么，你的他(她)离开你的时间也就不远了。

把握当下，不再错过

很多人虽然拥有了爱情，可是，却不懂得爱情，最后只能看着爱情从身边走过。可能是因为你太在乎自己的爱情了，恨不得把对方捏在手心里，可是，这同时也让对方有窒息的感觉。你可能会说："我对他(她)那么好，就算让我把命给他(她)，我也是愿意的，可是，为什么到最后还是一场空？"也许你真的爱过，可是，那只是你认为的爱情，或者说，你不懂爱情。爱情不是你牺牲生命就能挽回的，更不是说，你牺牲生命，对方就一定要爱你。

爱情是双方的，不要执著于自己编织的梦里无法自拔，这样，不但抓不住爱情，相反，爱情会失去得更快。换个角度看问题，或许多给对方一点空间，会对彼此的关系有所帮助。

有生活中，很多恋人都是因为不懂爱情，最终无法使自己的爱情开花结果。试想一下，如果你被一个人勒得死死的，那么，你还有喘息的机会吗？如果总有一个人监视着你的生活，那么，你会觉得自在吗？要想抓住爱情，就要明白：

爱情不是占有。没有一个人可以占有另一个人，每个人都是独立的，有着独立的思维、独立的能力。所以，不要妄想把对方变成自己的私有财产。当对方受不了你的霸道，受不了你的控制时，最终情绪就会爆发。所以，请多给对方一些私人空间，不要排斥对方身边的异性朋友，这样，你或许会让对方更爱你。

爱情不是放纵。有些人因为害怕失去对方，所以，不管对方提出什么要求都会无条件答应，即使有些无理取闹，也无怨言地去努力完成。其实，这样不是爱，这样，只会让对方变得更加肆无忌惮，这样的爱情也不会长久。给对方适当的空间，满足对方一些不过分的要求，对于处在恋爱中的人来说，都是很正常的。可是，过于放纵，那就会把爱情推向另一个深渊。

爱情不是交易。不要把爱情当成要求某人做某事的筹码，或者，以爱情的名义让某人做一些有一定难度的事。爱情不是用来交易的，这样的爱情实际上并不是爱情，只不过是为了达到某种目的而不得不演的一场戏。

请记住，爱情是美好的，要懂得如何去爱对方、包容对方、理解对方，这样才能牢牢地抓住属于自己的爱情。

第六章

错过机遇，只因你从未做好准备

“机不可失，时不再来。”相信这句话很多人都听过，而且也都理解。可是，真正把握住机遇的人却少之又少。当机遇错过时，他们会说：“我还没准备好，等我准备好，一定可以有所作为。”

可是，机遇是不等人的，当你抓不住时，它就会走向其他人。只有时刻准备着，才能在机遇到来时紧紧地抓住。

1. 你总是在等机遇来到之后再去准备

如果事先缺乏周密的准备，机遇也会毫无用处。

——法国历史学家、社会学家托克维尔

小王和小张同是一家公司的销售人员，两个人的业务水平相当，又是同一批进入公司的，所以，关系自然很好。小王是个得过且过的人，在他看来，只要做好眼前的事就好了，不必费心去为以后不确定的事去拼命。小张则刚好相反，小张除了做好自己的本职工作外，还和其他部门的同事经常在一起聊天，从聊天中，他了解了很多自己本职工作以外的知识。而且，小张为了充实自己，还另外报了一个学习班，让自己的专业水平更上一层楼。有时，小王还取笑小张："何必那么拼命呢？就算提升，也不会从我们这个阶层提，还是省点时间去喝下午茶吧！"

小张没有理会小王的"劝告"，而是一如既往地为以后做着准备。

两年时间很快过去了，小王和小张的业务水平并没有明显的差别。一天，销售主管突然离职，所以，公司决定从内部直接选人来接管。上级要求接管的人员不仅专业知识要过硬，而且，还有一定的管理能力。小王和小张同在后选名单中。

小王兴奋地说:“我的机遇终于来了。”不过,小王转念一想:“不对,听说还要对管理能力进行考核,我得去准备一下。”

而小张呢,则是自信满满。因为,他报的学习班,就有关于管理的培训,再加上平时和其他部门的同事沟通,他自信对公司各个部门都有所了解。

结果,可想而知,小张成为了新的销售主管。

机遇是可遇而不可求的,机遇不会同时眷顾一个人两次。一些人错过机遇,不是因为他看不见,也不是因为他不愿把握,而是因为他没有做好准备,所以,只能眼睁睁看着机遇从身边溜走。

有时,两个境遇相同的人,两个能力相当的人,两个机会同等的人,在机遇到来时,会有完全不同的结果。一个时刻准备着,一个毫无准备,注定他们有相反的结局。

把握当下,不再错过

成功是每个人都渴望的,成功对于每个人来说都有着不同的定义。可是,能够确定一点,那就是,不成功的人生必然是苍白的。所有人都渴望自己的人生充满精彩,所以,他们不断地努力着。可是,成功并不是可以轻而易举得到的,这其中充满了荆棘,有的人成功了,而有的人则在成功的道路上退缩了。可能他们会安慰自己说:“我还没有准备好,等我准备好了再去奋斗。”

有这样一句话,机遇总是留给有准备的人。换句话说,就是,机遇是留给有“实力”的人的。一个人如果没有一定的实力,即使机遇降临到身边,也不能抓住。而这里所指的“实力”,就是在平时的学习、工作、社会阅历中慢慢积累起来的。

现如今,不管处于任何行业,竞争都是显而易见的,如果抱着得过且过的心态去做事，那下场就只有被别人淘汰了。其实，机遇并不是那么遥不可及，当你在某一行业中做得比别人都出色时，机遇已经悄悄“盯”上你了。努力地学习、工作，不断地充实自己，其实就是准备的过程，也就是说，在准备中等待机遇的到来。

有准备、有头脑的人才有可能得到机遇的垂青，这样的道理很多人都懂，可是，却少有人可以做到。在我们的生活与工作中，有多少人真正为了机遇而准备呢？如今，不思进取、得过且过、不求上进的人太多，机遇来了，他们也没有能力抓住，最后，只有遗憾和失落。

如何才能在机遇到来时抓住它呢？那就需要在平时多加准备，在工作中，除了做好自己的本职工作，还要多了解一些公司的情况。空闲时丰富一下自己的知识对自己的将来也是很有帮助的，不要因为机遇没有很快来到，就中途放弃。坚持学习，时刻准备着，总有一天机遇会敲开你的门的。

2. 与机遇擦肩而过，你却仍然遥望

好花盛开，就该尽先摘，慎莫待美景难再，否则一瞬间，它就要凋零萎谢，落在尘埃。

——英国著名作家威廉·莎士比亚

张亚和王平是好朋友，从小学到中学，再到大学，他们都在一起，而且，他们还在同一家公司上班。

张亚是个好高骛远的人，总是在做着遥不可及的梦。王平则比较现实，他总是在观察对自己有利益的事。不过，虽然两个人的想法完全不同，但不影响他们的友谊，而且，两个人的专业水平在公司里也是有目共睹的。

公司决定从内部调配人员到外地开拓市场，有的人认为这是机会，有的人认为这只不过是公司的正常调配，还有的人觉得这是变相降职。因为，这里所说的外地，是一个三线城市，与一线城市相比，这个三线城市的市场确实不大。

公司经过评估，张亚和王平同时进入了上级的视线。与张亚所表现出的满不在乎相比，王平似乎很有兴趣。上级在与两人的单独谈话中了解到，张亚虽然业务水平突出，可是，为人骄傲自满，而且，也不屑

去三线城市。用张亚的话说就是:“我的理想不在三线城市,我要成为总公司的核心人物。”王平呢,把这次机会看成是一个锻炼自己的机会,加之态度谦和,工作能力都让上级很满意。最后,王平被调往了三线城市。

王平先是了解市场,针对当地情况改变了销售策略,经过半年的时间,王平就慢慢打开了市场。两年后,王平被调回了总公司,而且被提升为了主管,同时,还是公司年度做演讲报告的必选之人。

再回头看看张亚,还是一个名不见经传的小职员,还在伸长脖子看“属于自己的机遇”。

机遇来了,能不能抓住,就看你有没有一双发现机遇的眼睛了,很多人与机遇擦肩而过,就是因为他们的眼睛只关注着一些不现实的东西,而忽略了为自己准备的机遇。

机遇只会停留在那些发现他的人身边,当你对机遇视而不见时,它就会悄悄飘向其他人。就如故事中的两个人,面对着同样的机遇,可是,一个不认为这是机遇,视而不见,最终一事无成;一个看出了机遇,努力抓住,最终取得成功。

上天是公平的,每个人都有可能获得上天的恩赐,结果不同,只因你看不到上天的恩赐。

把握当下,不再错过

在我们生活的世界里,只要仔细观察,用心发现,机遇是无处不在的。例如,在学校,是否争回答问题;在工作中,是否争取一个既为大家服务,又锻炼自己的职务。其实,这些都是机遇,抓住了这些机遇,对于一个人的成长是有着非常重要的作用的。

机遇到来时,它并不会提前告诉你,相反,它通常是戴着面具来到你身边的。如果你没有一双善于发现机遇的眼睛,那么,机遇只会与

你擦肩而过。每个人在一生中都会遇到很多机遇,成功的人之所以会成功,就是因为他们善于把握机遇。而且,单单是机遇并不能获得成功,最重要的是要抓住机遇。如果你不懂得去抓住机遇,即便你很有才华,机遇也会溜走的。

每个人都有成功的欲望,而成功并不取决于机会,而在于你。最重要的不是你能否发现机遇,而在于面对机遇时,你如何去把握。机遇并不会"失掉",当你发现不了,把握不了时,自然有其他人得到。很多人会因为望得太远,而忽略了身边的机遇。

机遇无处不在,或许就是身边朋友的一句话,或许就是看起来没有什么发展前途的工作,或许就是别人一个小小的举动……只要善于发现,身边处处都是机遇。

在平时要多留心身边的人和事,从中来找寻对自己有利的信息,如果总是遥望远方,那么,是很容易将机遇拒之门外的。

3. 为什么你从不愿去尝试？

有自信不一定会赢，但是，没有自信一定会输。既然相信自己，就要全力以赴。

——中国企业家、蒙牛乳业集团创始人牛根生

小文是个内向的女孩，已经参加工作的她还是没有转变，也许文秘是最适合她的工作，每天收发一下文件，整理一下资料，记录一些事情……

别看小文内向，她小时候的梦想可是想当一名主持人。小文长得清秀可人，单从外表看，做主持人是没有问题的，但因性格太过内向，但能看着别人在台上展示自己了。

元宵节快到了，公司决定办一个元宵晚会，以前都是在外面请主持人，而这次，公司决定从内部选人来做主持人：一是大家都熟悉，可以调动气氛；二是可以发挥一下员工的特长。

很多人都报名参加了，小文的心也动了，几次都想去报名，可是，路走到一半又退了回来。看着报名的人，不是长得漂亮、能说会道，就是职位高、人缘好。对于自卑的小文来说，似乎每个人都比她强。在犹犹豫豫中，报名时间也截止了。不愿、不敢尝试的小文最终失去了展示自己的机会。

不愿或是不敢去尝试,大多都是因为缺乏自信,总觉得自己没有准备好,贸然尝试,也只能是以失败收场。

其实,每一次尝试都是锻炼自己的机会,如果总以“没有准备好”而拒绝尝试,那么,你永远也无法把握住机会。尝试—失败—再尝试……不断地尝试,会让自己越挫越勇,而不愿尝试,只会让自己越来越没自信。

把握当下,不再错过

小学课本有这样的一个故事:有一匹小马,它要过河,看着湍急的河水,它不知道水到底有多深。这时过来一只松鼠,于是就问松鼠,松鼠说:“这河水很深,前几天我的伙伴就在这里淹死了。”可是,老牛却走过来说:“河水很浅,只到我小腿这里。”听着完全不同的答案,小马有些不知所措,于是回家问妈妈,妈妈对它说:“你可以亲自去试试。”听了妈妈的话,小马就去试了,结果,河水既不像松鼠说的那么深,也不像老牛说的那么浅。对于这个故事,其意思很简单,而且人人都明白,可是,就是这样简单的道理,却有很多人对此迷惑不解。

不愿尝试、不敢尝试,是很多人都存在的弱点。每个人的成长并不是一帆风顺的,一次接一次的打击,一次又一次的抗争,抗争失败了,人们也变得更加顺从了,用麻木的心态去接受现有的生活,不敢再轻易尝试。很多人不敢尝试去为自己谋求更高的职位,不敢在舞台上展示自己,不敢去参加比赛……这些人在潜意识里为自己设定了很多“障碍”,当然,这些“障碍”并不存在。人们也因此失去了展示自我、锻炼自我的机会。

还有一些人为了逃避风险,不愿去尝试。他们害怕失败,害怕自己变得一无所有,以至于到最后看着别人的成功而感叹:当初我为什么没去试一下。在很多时候，挡在人们面前的并不是所谓的“障碍”，而是勇气。只要有勇气去尝试，那么，一切可能性都会有。还有，尝试最忌讳半途而废。其实，成功就躲在无数次的失败之后。在很多人看来，尝试只适用于搞科研的人，在其他方面根本没有价值。有这种思想的人，注定与成功无缘。每一次的尝试，都是对人们潜能的挖掘，人潜在的能量都会被激发出来。可是，如果不去尝试，那么，这种能力是永远也看不到的。要做一个敢于第一个吃螃蟹的人，开拓者永远都是善于把握机遇的人。

在生活中，我们常常听到这样的话：“我想还是算了吧，我根本就不是那块料，我肯定不行的。”也就是这样的话让很多人与成功失之交臂。很多人享受自己熟悉的领域，故步自封，不敢挑战新的领域，这也注定了其碌碌无为的一生。

人生只有不断创新、不断尝试，才能铸就成功，既要敢想，还要敢做，这样才能变幻想为理想，最终使理想变成现实。

4. 不去创造机遇，也是一种错过

只有愚者才等待机会，而智者则造就机会。

——英国哲学家、作家培根

小言是一个按部就班的人，她从来不去争什么，上级分配的任务她能够出色地完成，当所有的人为了升职，想尽各种办法去表现自己的时候，小言则是冷眼旁观，似乎一切都与她无关。她觉得，是自己的别人抢不走，不是自己的，就算再努力与是无济于事。

所以，小言总是默默无闻地工作着。两年时间过去了，虽然工作表现很好，可是，还是没有升职的机会。对于这种情况，小言安慰自己说："只要做好自己的工作，领导总有一天会发现我的努力的。"

也许是性格决定的，小言做事总是低着头，走路也是，所以即便她在公司工作两年了，领导也未必认识她。

公司要选一批人到国外学习，按小言的工作表现，被选中也是无可厚非的。可是，面对这么好的机会，有谁会错过呢？名额有限，很多人都开始极力地表现自己，不管是在工作中，还是在私下里。总之，可以用的办法都用上，以此来讨好甄选的人。比如，选择领导加班的时间加班；提前完成工作让领导批阅；领导过来时，故意提高嗓门与同事讨论问题……这些小聪明，小言都没有参与，她还是一如既往地做着自己的事。

公司虽然有严格的筛选制度，可是，在能力相当的两个人之中，领导当然会选择“为自己创造机会”的人。小言则刚好相反，不但不为自己争取，反而悠闲地等待。

结果可想而知，小言错过这次机会，只能眼看着同事高高兴兴地准备东西出国。

有时，机遇是要靠自己创造的，与其等着“天上掉馅饼”，不如努力为自己争取。现如今，默默无闻的人很难得到重视，因为，上级不会花心思去找躲在墙角的你。

在上级眼里，只看见那些勇于表现自己，懂得为自己创造机会的人。上级很容易记住他们，自然，有机会，一定会先想到他们。

一个人总是躲在角落，那永远是看着别人成功，为别人的成功而鼓掌的人。

把握当下，不再错过

对于每个人来说，发现机遇固然重要，可是，更要懂得创造机遇。坐着等，翘首以盼是很难有所作为的。当机遇不光顾你时，你就要善于创造机遇。机遇不是你说来，它就会马上出现的。失败与成功其实只有一墙之隔，成功的人，做准备、寻找、尝试、创造机会……所以，他们成功了。失败的人，翘首以盼，不知所谓。“机不可失，时不再来。”对于这句话，相信很多人都听过，对于很多人来说，机会往往只有一次，如不利用好，当机会离开时，后悔也来不及了。

每一个成功的人，他们想的都是设法让自己前进，他们不会怨天尤人，而是努力为自己创造机会。机遇不会偶然得到，而是需要你主

动去抓,这时就需要你的行动。坐着等待,是不可能得到机遇垂青的。人生中的很多机遇都是靠自己创造的,一个人倘若懂得利用外界机会,加之自己创造的种种机会,那么,成功的几率就会大大增加。

一个真正聪明的人,就是一个懂得如何创造机遇的人。一个人要想得到本不属于自己的机遇,或是跟自己本无缘的机遇,就需要有一定的心理素质。那么,需要做些什么呢?比如,学会如何做人,处理好人际关系,善于与人交流,从中获取更多的信息。创造机遇还需要有一定的度量,去容忍无法改变的事。更需要有勇气去改变无法改变的事。不过最重要的,还是要学会区分这两件事。否则去盲目地容忍不应该容忍的人,或是,费心去改变永远无法改变的事,那是愚蠢的。

等待机遇是不可取的,机遇对一个人的命运起着至关重要的作用,可以说,机遇决定了一个人的一生。不努力去抓住机遇,或是漠视机遇的存在,最后只会以悔恨、平淡无奇收场。

如果你渴望成功,如果你不安于现状,那么,就不要总是坐着等待别人来帮助你,学会为自己创造机会,利用自身的条件去创造一切可能成功的机会,天上掉馅饼的事只是一个传说,不要把时间浪费在等待上。

5. 你的绝望让你错过了生机

如果你因失去了太阳而流泪,那么你也将失去群星了。

——印度诗人、哲学家泰戈尔

在战争年代,经常会有人被抓到集中营去做苦力,有两个人,他们都是在外做生意被抓进来的,他们听以前被抓进来的人说,进来的人没有一个能活着离开的,这里的人都会因为各种原因而身亡。

其中一个生意人十分挂念自己的家人,而且他也不想就这样白白送了性命。他决定逃离这里,他心中像是有一团火,使他更有力量与勇气去争取,他不断寻找着生的希望。

再看看另一个生意人,眼神空洞,常常用绝望的语气说:“我们是逃不出去的,我们只有等死。”他从没想过要逃离,因为,在他的意识里,是没有可能从这里出去的,所以,他也就忍受着一切的苦难,等待死亡的来临。

第一个生意人从未放弃,机会还是被他找到了。士兵们会将死人抬进大坑,他就是利用这个机会混入了死人坑,并且躲过了士兵的搜寻。

天完全暗了下来，他拼命地跑，心中想着自己的亲人，这股力量让他无法停下来。不知道跑了多久，不过，似乎已经很安全了。最后一位好心人将他送回了家。

再回头看看那位生意人和其他的苦工，每天按吩咐做着事，有活活累死的、有饿死的、有打死的……到最后，这个集中营中的所有苦工都在绝望中离开了人世。那位生意人成了这里唯一一位幸存者。

绝望会让人错过生机，而心中充满希望则会出现一线生机。就如故事中的第一位生意人一样，因为心中有力量，才有勇气去争取，才获得了生机。而第二位生意人，因为绝望而接受了死亡的命运，最后，他和大多数人一样不能走出去。

在同样的环境里，可是结果却大相径庭，原因就是一个对现状还抱有一丝希望，而另一个却用绝望的眼神看着悲剧的发生。

把握当下，不再错过

一个人用绝望来看待身边的事，在遇到困难、遇到暂时不能解决的问题时，就会产生绝望的心态，觉得世界末日就要到来了。难道事情真的如此吗？真的到了走投无路的地步吗？事实并非如此，很多人都是被表面的现象所误导，他们不愿去深入探究，进而错过最后的希望，那时才是真正的绝望。

例如，你的公司因为一时周转不灵，你就开始着急，想着下个月工资怎么发？想着客户催账怎么办？想着公司倒闭了又该如何……可是，却没有想怎样让公司脱离困境。因此，情况变得越来越糟，你也到了绝望边缘，这时你还是绝望地说："看来真的没希望了，公司算是走到尽头了。"可是，当初如果不去想那么多糟糕的事，而是想办法去解决公司面临的困难，那么，结果肯定不一样。

其实，绝望中蕴藏着生机，就看你如何对待了。遇到困难不要总往坏的方面想,更不要对事情绝望,努力想办法克服,你会发现,生机就在那努力一点点之后。

在现实生活中,我们会遇到各种各样的麻烦,有些人会因为麻烦而对生活绝望,可是,有些人则在麻烦中获得了新生。可以想象,你遇到了困难,总想着“我将大难临头了”。其结果必定是在绝望中“死去”。可是,换个角度想“或许有另一种方法可以获得生机”。那么,结果就会大不相同。同样一件事,同样的困难,可是,因为一个绝望,一个有希望,就会改变所有的结果。永远不要对身边的人和事绝望,克服困难需要勇气,更需要有积极的态度。

生机总是躲在让人看不见的地方,可是,它却能够看到你的努力,当你努力争取,永不放弃的时候,它就会适时出现。所以,不管遇到什么挫折都不要轻言放弃,坚持虽然很困难,但要想着坚持后的希望。如果一遇到挫折就放弃,那么,你永远也看不到生机,永远也只能在绝望的边缘徘徊。多给自己勇气与力量,获得生机的最好办法就是消除绝望。

第七章

错过健康，只因你从不在乎

健康是我们能否很好地生活在这个社会上的凭证，当我们拥有健康的时候，任何的困难也只会成为虚晃的阻碍，只要我们坚持不懈，就一定能够跨越。

但是缺少了健康，即使拼尽全身的力气，成功也很难会对我们崭露头角，因为健康是一切拼搏的主动力，缺少了健康，就相当于缺少了一切拼搏的能量。

在现代的社会中，多数人的身体都出现了不同程度的亚健康状态，但是亚健康的形成却是自己造成的。这是因为人们越来越不注意自己的身体，总是因为烦闷、伤心、开心等把自己逼近亚健康的低谷……

1. 明知烟有害，却一根接一根地吸

忽略健康的人，就是等于在与自己生命开玩笑。

——中国教育家、思想家陶行知

老张和小王凑在一起的时候，就是二话不说的烟民，只要有烟，这个世界凡事好商量。

可是今天，当小王再递给老张烟的时候，老张却做出了摆手的姿势，对十这个动作，小土感到很吃惊，因为老张和他一样都是烟民，心里所信奉的是“无烟不乐”的自我精神，所以对老张现在的举动很惊奇。于是他问老张：“张哥，怎么今天不抽烟啦？”

老张神情异样地说：“唉！小王，我现在已经戒烟了，我劝你也把烟戒了吧！”

小王神情怪异地看着老张说：“张哥，不会吧！你可是比我烟龄久的人哦！你不经常说不抽烟比要你的命还难嘛！今个儿是怎么了？”

老张痛苦地说：“是啊！让我不抽烟比要我的命还难，但是现在不是要我的命，是我小孙女的命啊！真是作孽……”

小王对于老张说的话很好奇，不明白什么意思，正当小王要开口

问老张的时候,老张又接着说:"我的小孙女因为经常呼吸二手烟的空气,导致现在患了严重的哮喘病,对她的学习都造成了影响,你说我是造了什么孽啊!竟然要报应到我的孙女身上,如果是我,我还能接受,可是现在却是我的孙女,你说我该怎么办啊!"

听了老张的话,小王心里百感交集,这时,老张像突然想起什么似的说:"小王,你也赶快把烟戒了吧!你老婆不是刚怀孕了吗?医生告诉我二手烟的危害很大,呼吸大量的二手烟很容易对胎儿造成影响,变成畸形,我建议你顺便也到医院检查一下,看下你的肺部颜色,我在医院检查的时候,医生说我的肺部已经被细菌侵袭了80%,如果再不戒烟就会有生命危险,我自己倒没有什么,只是我的小孙女真的让我感觉好愧疚,如果我现在离开能挽回我孙女的健康我也愿意啊!"

老张的话像烙印一样烙进了小王的心里,这一刻小王很害怕,怕自己的老婆孩子会因为吸自己的二手烟而出事,那样自己就是无法饶恕的罪人了。

和老张分开后,小王回家就立马带老婆去了医院做检查。焦急的等了几个小时后,小王终于看到了检测结果,还好老婆和孩子都健康,但是,由于小王自己因为经常吸烟,导致肺部有癌变,需要及时的治疗,这时的小王才明白"吸烟有害健康"的真理。

经过治疗后,小王的病情得到了控制,而老张却在自己治疗的期间去世了,这时小王终于明白了,没什么都不要没健康,因为缺少了健康就真的什么也没有了。

吸烟有害健康,这在所有的烟盒上面都明显标示的,可是没有经历过磨难的人却永远都看不懂,总是用"饭后一口烟,赛过活神仙"来形容自己抽烟后醉生梦死的感觉,但是,却没有发现死神正加快步伐前行。

每个抽烟的人都说烟可以帮助他们清醒大脑,但是却忘了思考,没有了健康,大脑又怎么会运转;每个人都说吸进去的是烦恼,吐出去的是快乐，但是当烟雾消散之后，它却盗走了健康……

把握当下，不再错过

当调查结果显示“每年因抽烟死亡的人数高达数百万”的时候，每个人都知道了吸烟有害健康，尤其是在烟盒上标示出明显提示的时候，吸烟有害健康就已经走进了每个人的心里。

但是往往只是走进，却不能驻留，因为人们抵挡不了“烟过肠道，浑身轻松”的感觉，仿佛把自己置身于仙境一般，有了烟就可以忘记所有的事情，甚至死亡的威胁。

可是，当烟像毒品一样深入抽烟人的肺部的时候，当光明即将和抽烟人说“拜拜”的时候，人们却并不像当初说的那么轻松，而是拼命想抓住救命的仙草，但是仙草却像一缕青烟一样消散了。

其实，每个人都渴望生命的驻足，因为生命的存在能给人们带来希望和想象，能让人们为了生活努力地拼搏，但是却不是每个人都能看清生命的意义。有些人把生命当做消遣，只有在生命消逝的时候才能明白，自己想做的事情还有很多。

既然每个人都很渴望生命的停留，那么为何还要在自己能把握的时候，选择错过呢？

烟只是加速死亡的推动剂，就像割破的手腕流出的血一样，当时间滴滴答答地行走时，无疑是在提示人们生命即将流失。

如果你听到了生命的召唤，能够在你清醒的时候，看到别人挽留的目光，这时，你会明白，活着是多么好的一件事情。而生命本来是可以延续的，正是因为你的不珍惜、不在意，才使死亡提前光临你的生命。

每个人都渴望健康，但是世界上却有90%以上的人都在忽视健康，其中抽烟的人就占了总比例的60%。这是一组很可怕的数字，从

这组数字中可以看出，世界上因抽烟死亡的人数已经占了一半以上。但是最可怕的还不止这些，而是那些经常吸食二手烟的人，孕妇吸食二手烟导致体内胎儿基因突变的风险增加了45%，所以说抽烟是害人害己的双害事情，因此为了家人和自己的健康，每个人都应当戒烟。

每次提到戒烟的话题，烟民们最多的就是"烟是命，戒烟比放弃生命还难"，可是当你真的丢一把刀放在他面前的时候，他却不敢拿起面前的刀自行了断。由此可见生命是每个人都想要把握的，但是没有了健康，生命又怎么会存在。

人们喜欢抽烟的原因在于消遣，但是在这个世界上，可以消遣的事物有很多，你可以把自己抽烟的钱拿来去做高消费享受的事情，这对自己的身体和身心都是一个很好的提升。

如果你不抽烟了，而是拿来藤椅泡壶上好的龙井茶，你觉得这样的享受哪个更加惬意？不要借口你没有钱，因为你买烟的钱按照5元钱算，每年也要支出差不多2 000元钱。而因抽烟损害健康的支出更多。

因此，当我们有机会把握健康的时候，就不要摆出不屑的表情，不要把自己的健康拱手让出后才开始后悔，要记住，人生贵在把握。

2. 明知酒伤体，却一杯接一杯地喝

假葡萄酒是一个嘲弄者，啤酒是一个斗殴者，不管是谁，只要被它们带入歧途，都不是明智之士。

——《箴言篇》

前些日子公司的技术员小孙住院了，这成了公司里爆炸性的新闻，原因不在于小张本身有什么能耐，而是在于他住院的原因——饮酒过量导致酒精中毒。

而且公司里的人相互传送信息说小孙因为那次中毒差点就被“阎王”收监了，还好别人及时把小孙送到了医院，否则后果真的不堪设想。

这次的“小孙事件”给公司的人敲响了警钟，现在公司里的人听到“喝酒”两个字心里就发憷，好像只要自己沾了酒就会和小孙一样。

不过那次喝酒是有原因的，因为小孙刚刚和老婆吵了一架，心里不痛快，因此才会那么猛烈地喝酒的，当时我也在场，那个场景我永远都不会忘记的。

当时我们公司在举行周年庆，有很多公司都来捧场，那时整个场面就像是一场华丽的盛宴，每个人都变成了盛宴中的贵宾。

我当时正在和一个朋友聊天，然后就看到了小孙一个人闷闷不乐地站在一边，看到小孙的样子，我就和朋友一起走到了小孙的面前问小孙怎么了？刚开始的时候，小孙怎么也不肯说，后来经不起我和朋友的游说，于是就把事情的原委讲了个遍。

说实话，当时我和朋友真的是好心的，怕小孙把话憋在心里憋坏了自己，但是如果知道有接下来的一幕，我和朋友都情愿当做自己从没有见过小孙，这样也就不会出现后来的情况。

当小孙把话说完后心情一下子就好了很多，于是邀我和朋友喝酒，但是我和朋友都是不胜酒量的人，于是婉言回绝了，这时小孙脸上又呈现了失望之色。当我和朋友不知所措的时候，还好同公司出了名能喝酒的大童来到了我们的面前，于是我们就像是遇到了菩萨一样，赶忙撤离了现场。也正是这个举动，大童和小孙就拼上了，没几杯下去小孙也就出现了上面的情况，真的吓坏了所有的人，现在就连大童也不喝酒了。

公司里的人都在说，喝酒害人原来都是真的，以前感觉离自己好远，因此尽管知道喝酒伤身可是还是不能停止，现在当真实的例子摆在面前的时候，才知道生命的尽头原来离自己这么近。

当“小孙事件”发生后，公司出现了前所未有的景象，所有的人都不喝酒了，因为同事都因为恐惧而成功地戒酒了，所以说“小孙事件”是祸也是福。

酒是朋友生日、亲人相聚、公司喜庆时经常被拿上桌面的招待物，几乎在所有喝酒人的心里，总觉得喝了手中的酒，才算对得起朋友和家人，有些人在明知自己没有酒量的时候，也会因为应付朋友而饮酒。

“以酒会友”已经成了中国人的风俗，在风俗的面前，为了显示自己的义气，不惜以身试险，把自己的健康丢到一边，却不仔细想想健康丢了以后还能否捡回来。

把握当下，不再错过

生活在社会上的人都知道喝酒伤身，但是他们中的大多数人却都能喝酒，在“酒民”中男女的比例相差不大，对比例不同的是酒的分量。

很多人在明知道喝酒伤身的情况下喝酒，是因为在他们的心里，出现最多的不是酒对身体的伤害，而是不喝酒对亲情和友情的伤害，因为他们觉得酒是表明自己心意最好的见证。

当我们打开电视机的时候，看到最多的广告是酒，无论是送亲人还是送朋友最多的也是酒，可见酒在人们的生活中起到了一个很大的促进作用。

“小饮酒怡情，大饮酒伤身”，即使酒可以促进感情，但是也绝不允许多喝。生活中无论做什么事情都需要做到适当“少之不好，多之无益”，这是生活中需要领会的至理名言。

如果因为饮酒过量使健康受到了损害，这是怎样都无法弥补的。

健康是自己的，义气是大家的，丢了健康痛苦的是自己，而真正的义气是建立在互相理解上的，绝不是互相的应承。

生活在这个为了生存需要处处应酬的社会，喝酒就成了每个想要成功的人都要付出的一条苦路，因为在每个人的心中都秉承着“酒肉桌上好成事”的心态。

虽然酒桌上确实能谈好一些生意，但是真正大的生意却是在气质高雅的地方谈妥的。

人们虽然喜欢酒肉穿肠过的滋味，但是却都不想让自己的健康受到干扰，随着时代的发展，社会上高层的人已经把眼光从酒桌上转移到了养生上。

社会上的大小人物，现在应该注意的是把握自己的健康，因为没有了健康，世界上所有的事物都不算什么。

当你一杯杯喝酒解闷的时候,你可曾知道你的健康也在一点点地消失!

古人多爱喝酒,因为酒对于古人来说就是灵感,是麻醉自己国家消亡的事实,但是我们是现代人,我们生活的年代很和平。和古人不同的是,我们可以在这个时代平等地做自己想做的事情,而不用像古人一样去忌讳很多事物,因此也就少了很多烦心事。

如果古代有咖啡屋,有休闲场所,能让人们忘却烦恼去享受生活的时候,我想古人也会丢下酒瓶来感受和平社会带来的安逸。

学会把握当下,保护自己的健康,是为了让自己不经历错过的痛悔。

3. 明知熬夜无益健康，却总是“通宵达旦”

> *人类所能犯的最大错误就是拿健康来换取其他身外之物！*
>
> *——德国哲学家叔本华*

李丽是一家文化创意公司的总监，由于工作的原因，李丽经常会熬夜，有时候忙起来一天只能休息两个来小时，因此，同事、朋友看到李丽的时候她总是睁着两只“熊猫眼”。后来同事们就干脆叫她“猫猫”，对于同事的戏称，李丽也只是甩头一笑，不予追究。

其实最主要的问题不是她不想追究，而是别人说的是事实，因此她也就在心里压迫性地相信自己就是“猫猫”。

后来公司考虑到李丽为公司付出的情况，决定让李丽休半个月的年假，好好地放松一下自己。李丽走后同事们都在议论说可爱的“猫猫”就要不见了……

可是半个月过后，当同事们再次见到李丽的时候，都吓了一跳，李丽不仅没有消除自己的“熊猫眼”，精神反倒比以前还打了一个大大的折扣，同事们都过来询问李丽怎么了，精神怎么这么差？李丽的回答却吓到了同事们。

原来，由于李丽已经习惯了熬夜，导致她回到家后严重的失眠，因此只好每天看电视消遣。可是当她看到一些精彩剧情的时候，会不满意没有看到结局，于是就买了碟片，通宵达旦地看，因为心里一直都藏着半个月的时间，于是就无休止地重复着每天的记录，有时候甚至两天都不睡觉。

就这样，半个月的时间在不知不觉中就过完了，而此时李丽却并没有得到很好的调整，自然也就原样上班了。

在往后的工作中，李丽还是经常熬夜加班，熬夜加班已经成为了李丽每天所必须要做的事情，即使多数的时候已经没有要处理的文件了，李丽还是习惯在办公室里待到半夜。

慢慢地，李丽的皮肤越来越不好，精神也越来越差，和同龄人比起来，她就像是一个大姐，这样的精神面貌对于公司来说有很大的影响。

但是念在李丽对公司的付出，公司对李丽做了最后的通牒，公司愿意再给李丽半个月的休假，但是前提条件是李丽必须以全新的精神面貌出现，否则公司将会以破坏公司形象的名义开除她。

听到这样的结果李丽心里很难过，因为她最先熬夜是因为自己的业绩，想多取得些成绩，但是后来是因为习惯的问题使她改不了这个毛病，可是没想到现在却成了威胁自己成功的绊脚石。

熬夜是每个人在最初拼搏的时候都会遇到的，为了自己的成就，每个人都甘愿牺牲自己的精神面貌。但是当你已经取得成功的时候，就应该学会把自己的生活再列入正轨，因为逆行的轨道也会以最快的速度脱轨。

在生活中，身体才是最重要的，没有了健康的身体，你什么都做不了，因此想要成功，首先就要有健康的身体和良好的精神面貌，只有这样你才能以独领风骚的姿态战胜所有的对手，否则你也只会成为健康摧残下的“残花败柳”……

把握当下，不再错过

我们的生活离不开拼搏，更离不开健康，因为健康是一切成功的砝码，如果失去了健康，那所有的成功都不算成功。

为了事业的成功，有些人不得不挑战健康的极限，但是当你得到成功的时候就该快速地放弃有可能夺取健康的极限运动，不要把挑战变成习惯，只有这样才能在自己拥有健康的时候，同时也拥有事业。

生活在这个世界上，很多人都对生存的意义存在误解，不能很正确的理解生存的意义。多数人都把生存的定义理解为拼搏，但是，这只是生存的一小部分，生存还需要健康。生存最完整的解释是用健康的身体去拼搏未来的道路。

如果一个人经常熬夜，很容易产生疲劳、免疫力下降，皮肤会因为熬夜而出现斑点、肤质粗糙、脸色偏黄等症状，而因熬夜留下的后遗症会导致人们失眠、健忘、情绪波动极大，面对事物很容易出现焦虑不安的状况。

熬夜对女性的伤害大于男性，按照生长周期来说，女性比男性较早面临衰老，而熬夜会使女性更早面临衰老。

世界上99.9%的女性都爱美（还有一个是因为天生丽质，做足了所有的功课，因此被排除在外），在生活中，女生把美看成是自己生命中不可缺少的。

但是因为工作的原因，很多女性会面临着熬夜，在迫不得已的熬夜过后，应该及时地把睡眠补回来，否则即使脸上涂几层化妆品也无法遮盖疲劳的面部表情。而男性脸上容易长粉刺也是因为熬夜过多的原因。

随着时代的飞速发展，人们越来越迷恋于熬夜，网吧、娱乐场所成了人们熬夜消遣的好地方，人们喜欢沉迷于喧闹的夜市，觉得夜的柔

美才是人们心灵的归宿，但是却忘了去探索这个归宿的终点站是哪里？

熬夜无疑是把自己的健康交给“夜”来谋杀，可是，当你亲眼看到“滴血”的身体时，一切也就来不及了。

每个人都应该学会把握，在自己还可以主宰自己健康的时候，就不要被别人所挥霍。

身体是自己的，健康是自己的，丢了这些东西痛的也只是自己，没有人可以和你分担的。把自己的身体泡在亚健康的瓷缸中，还不如带着健康的身体去沐浴快乐的阳光，这样你才能得到更多。

如果你因熬夜得到了快乐，但是却要在病床上度过，和你因合理地安排生活得到快乐、笑对人生，你觉得哪个更合适？

只有把握住现在的健康，才能得到以后的快乐！

4. 心到伤处，拿健康来发泄

一个人的身体，绝不是个人的，要把它看做是社会的宝贵财富。凡是有志为社会出力，为国家成大事的青年，一定要十分珍视自己的身体健康。

——中国革命家和教育家徐特立

张明是一个有很多朋友和心事的人，从他家里的酒瓶中可以看得出来。

张明的家里有一个房子是专门用来储酒和放置空瓶的，而现在空瓶已经占了房子空间的一半还多了，如果不是那次去了张明的家，我永远都不会知道他的生活竟然是这个样子。

但是我不解的是，张明的父亲，因为喝酒出了车祸，以恐怖的姿态告别了人世。张明受了父亲的影响应该戒酒才对，怎么反倒越来越严重了，后来才知道张明管喝酒叫"解脱"。

张明的父亲从小就很疼爱张明，所以张明和父亲的关系一直都很好，张明的父亲过世的时候，张明刚大学毕业不久，找到了一份合适的工作，正要向父亲报喜，厄运却抢占了先机，使张明没了说话的时间。

看着面前惨死的父亲，张明几度要晕厥，幸好身边还有坚强的母亲。

面对突如其来的打击，张明怎么也接受不了，终日把自己关在了屋子里，一口一口地喝闷酒，在他的眼里，酒成了最好的朋友，只有酒可以平复自己的悲伤。

后来，张明就练就了喝酒的本领，凡是来到张明家里的人都必定被他灌酒，使得爱喝酒的人不断来到张明的家里，不爱喝酒的人就干脆不再光顾。

张明深深地感觉到了酒对自己的危害，但是却怎么也停不下来。尤其是有朋友、家人在场一起喝酒的时候，张明总是感觉自己就像是被人牵住了神经一样，所有的动作都不在自己的操控范围之内。

过量地饮酒给张明的身体造成了很大的影响，但是张明却无法停止自己饮酒的次数。

当张明想起自己的父亲，那个深爱自己的人的时候，他就会不停地喝酒，他一直用酒来麻痹自己，而酒就像毒品一样，一直吸引着张明向它靠近。

现在，张明住院了，病因是肝硬化，治疗并不像一般的病情那么简单。看着在自己床前哭泣的母亲，张明才明白，一直以来，自己都在作孽，因为失去父亲最伤心的是母亲，而自己却忽略了母亲的感受，不仅没有及时地安慰母亲，反倒现在把自己也压在了母亲的身上。看着面前白发苍苍的老母亲，张明才知道自己身为人子做错了什么……

“以酒消愁”是人们普遍的做法，从古到今，酒一直是被人们所推崇的。

随着高科技的发展，对于酒的携带也越来越方便了。因此，酒在人们心中的分量也就越来越重了，尤其是当人们伤心或是烦闷的时候，酒就成了被围困在情感中的人的最佳伴侣，能陪伴他们走过伤心的日子，但是殊不知，中国有句古话“借酒浇愁愁更愁”。

把握当下，不再错过

遇到让自己伤心的事情，每个人都有不同的发泄方式，有人会选择自虐；有人会选择抽烟；有人会选择喝酒……

在不同的发泄途径中，酒是最常被用到的辅助工具，人们尤其喜欢在自己伤心的时候，一边抽烟，一边喝酒，而这样的做法无疑是对自己的身体不负责任。

酒在伤心时饮用的伤害大于平常饮酒的伤害，当人们一边抽烟，一边喝酒时对健康的伤害更加严重。

每个人生活在这个世界上的资本是健康，没有了健康人生的考卷就会为零。

健康是人们生活在这个社会上不能缺少的，如果人们在遇到伤心事的时候，总是把自己的健康作为筹码压上去，那结果只会是今天你为别人伤心，明天别人为你哭泣。

生活在这个社会上，每个人都会遇到很多和情感冲突的事情，面对自己需要发泄的心情，方法有很多种，没必要为了发泄把自己的健康搭进去。

每个人生活圈子的朋友都是不一样的，如果你不珍惜自己的健康，伤心的事情就会环绕成为一个圈，总有一天你会等到别人为你哭泣的那一刻。

人们之所以会习惯拿自己的健康来发泄情绪，是因为他本身对健康并没有一个很好的认识，太过于把自己的主观意见强加在事实的前面，习惯于随心所欲。只有当身体警报拉响的时候，他才会感觉到自己的身体出现了状况，但那个时候，往往事情已经发展到开始威胁自己的健康的时候了。

因此，每个人都应该注意，无论在面对什么事情的时候，都不要拿自己的健康来发泄，那样的结果或许会有一时的解脱，但是却可能导致一世的痛苦。

后悔并不是一件很好的事情，而在大多数的情况下，后悔也不能帮助你，那时你只会变成一个“欲哭无泪”的人。但是，这样的结果却是能避免的。

当一个人伤心的时候，可以选择理智的方式发泄，如唱歌、写作、旅游……

健康发泄的方式有很多种，因此人们不应当故步自封，把自己圈在一个圆圈中不予放行，这样的结果最终只会在自己的身上得到痛苦的验证。

在自己能把握的时候放弃，在自己不能把握的时候追悔，这样的结果只会是错过，而错过了就不可能再得到，因此，每个人都应当好好地把握自己能抓住的健康，而不要任意地去挥霍。

5. 为什么你一直在"进补"却仍然让健康受了伤?

保持健康的秘密是适当地节制食物、饮料、睡眠和爱情。

——法国文学家、小说家雨果

随着时代的发展,有很多人都开始对自己的身体实施大补计划。多数人觉得只有让自己的身体吃到最有营养的补品,健康才会在自己的身上验证,但是,事实上结果却并非如此。

实验表明,真正的健康并不是靠进补完成的,而是由运动、适当的饮食和充足的睡眠保持的,相反,不停的进补只会成为健康的隐形杀手。刘太就是一个进补的受害者。

刘太原来是位国家干部,退休后就一直待在家里研究一些进补的饮食。这是很多退休后的老人都会去做的事情。

多数人在年轻的时候,由于工作的原因,忽略了对自己身体的进补,因此就会借助退休后的空暇时间,仔细地研究进补食谱,这样不仅可以造福孩子,还可以弥补自己年轻时的缺憾。但也正是因为不停的进补,不仅没有让刘太的身体越来越健康,相反使刘太出现了健康逆

损的后果,原因是这样的:

刘太退休后一直忙于食物的进补,有时候为了研究养生菜谱还会熬夜到很晚,并且刘太的养生只做“进补”的过程,却不注意后期的消化,使所有的营养都囤积在体内得不到发挥,造成了营养过剩的状态,导致自己的身材横向发展。

刘太在没有进补的时候,体重是120斤,进补后体重急增到220斤,给刘太的出行都造成了困扰,而由于体重过胖,年龄过大,就有了胆固醇过高的现象。

面对这样的情况,刘太真的是欲哭无泪了,她觉得自己像是“偷鸡不成蚀把米”的人,进补不仅没有把自己的健康留住,反倒还没有以前的好,这对于刘太来说显得有点悲情。

当刘太把自己的情况向医生说明的时候,医生告诉刘太,在健康学中,盲目的进补对于身体的健康并没有太大的帮助,不科学的进补反而会对身体产生不良的效果,就像刘太现在这样。

健康是靠多种因素维护的,而不仅仅是靠进补就可以完成的。现代人在经济得到提升的情况下开始注重自己饮食的进补,但是在进补的时候却总是会忽略掉运动,也正是因为有这样的疏忽,才使健康得不到保证。

刘太忽略的就是运动和正确的睡眠时间,也正是因为刘太的疏忽,才使她的身体不仅没有因进补而越来越健康,反倒出现不良的状况。

健康不是光靠“进补”就可以调节的,相反,太多的进补会引起健康的“反胃”,有句俗话叫“五谷杂粮促健康”说的就是这个道理。

维持身体健康的并不一定就是营养成分很高的食物。当你体内对此种营养的要求已经达标,可你却还在一直不停地对同种营养进补,这样的结果只会适得其反。

因此,想要自己的身体保持健康,就应该根据自己的身体情况来判定身体缺少什么，以此来有针对性地填补身体所缺，只有这样才可以保证自己的健康。

把握当下，不再错过

随着社会的飞速发展，越来越多的人把健康列入了自己必须要遵守的行列中。为了获得健康，很多人都选择了进补方式，想以此不费吹灰之力就牢牢地抓住健康。可是这样的效果却并不显著，而且容易导致营养过剩。

多数选择进补的人都会出现营养过剩的原因是：随着时代的飞速发展，人们已经脱离了以前的贫困生活，身体的各个指标也得到了肯定，而盲目的进补不过是给身体增加压力而已。

健康的目标并不在于进补，而在于合理的安排时间、适当的运动、规范的饮食，只有做到了这一点，身体才能健康。健康是现代社会许多人都呼吁的，同时也是多数人都难以做到的。

面对健康的维护，多数人都觉得健康很烦琐，觉得自己坚持不了，因此最后总会把健康丢在一边，重新过起自己不规律的生活。

如果仔细观察人群，你会发现多数的人都处在亚健康状态，而真正健康的人是极少数的一直坚持锻炼的人。

的确，健康的维护最重要的不是进补，而是锻炼，只有坚持不懈地锻炼，健康才能得到保证。

很多人都把进补当做是科学养生的方法，其实不然，因为养生也并不全部在于进补，养生也是从多个不同的方向下手的，其中也包括了锻炼。所以说，一个人如果只想单靠进补来维持自己的健康是行不通的，并且最有可能的是导致健康受损。

社会的发展越来越快，而人们只想靠进补来完善健康，这样无疑是对自己的不负责任。因为进补不过是加大体内脂肪而已。

如果不想让自己的健康受到损害，首先就应当每天坚持锻炼，适当的运动是健康的守护神，只有坚持锻炼，健康的身体才不会离自己太远。

很多人会借口自己没有时间锻炼，其实这是对自己健康的放任无度，一个人总是以推托为借口来放任自己不锻炼身体，这样无疑是把自己推进了深渊，总有一天会因为缺乏锻炼而导致健康得不到保证。

进补只有对身体缺少营养的人才能起到作用，但是现在的社会很少存在营养跟不上的状况。因此，进补也就起不了很大的作用。

面对我们在生活上缺少不了的健康，每个人都不应该用推托去代替把握，如果不能抓住自己赖以生存的健康，那就只能经历错过，而错过后就再也不能挽回。

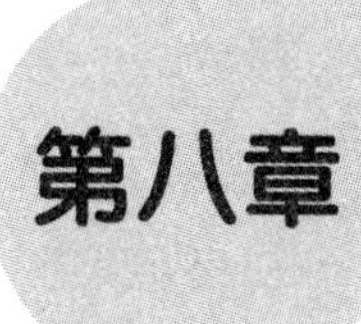

学会把握，你将主宰一切

很多人都在抱怨生活，认为命运对自己不公，以至于错失了很多机会。而事实上，命运是公平的，机会人人都有，只不过你没有学会把握，让机会从身边溜走了。

机遇要靠自己去把握，而不是坐着等候。把握好你现在的生活，看清人生的转折点，你就能成就大事。

1. 做好小事，你将成就大事

小事成就大事，细节成就完美。

——*惠普公司创始人戴维·帕卡德*

在一个落后的村庄中，有一个国际性的大企业所建立的一个工厂，工厂里有一个几十米高、直入云端的大烟囱，是排放烟雾用的。

每年，企业都会要求对烟囱进行清洁，这已经是一个习惯。因为这个烟囱过高，从外面看，烟囱下大上小，逐渐升入高空，在外墙上每隔半米就会有一个与墙体圈成长方形钢铁轴，由下到上，一直延伸到顶部，是专门供擦拭烟囱用的梯子。一个烟囱成环状有四排这样的梯子。

所以，即使有梯子，人们还是不愿意去冒那个险，因为烟囱不但高，而且越到顶部越窄，到了顶部也就一米左右的内径，如果一个不小心掉下来，那可就真的没命了。即使地面及身上有一定的保险设备，人们也不敢轻易冒险。

厂里一个叫老丁的老师傅却把这样“人人避而远之”的任务给扛了下来。于是，每年老丁都可以得到优秀员工的荣誉称号。

有些人暗地里嘲笑老丁太傻,厂里给一个不能吃不能喝的荣誉称号就让他这么舍了命地年年给厂里擦烟囱,而老丁却每天除了正常的工作外,不愿理会别人的看法,一如既往地工作着。

这年,考虑到老丁年事已高,并且明年就要退休了,所以,厂里便让老丁带领一个徒弟,打算做接班人。结果,厂里没有一个人愿意站出来主动学习。

"擦个烟囱嘛,有什么好学习的,又不是什么技术活儿,再说也没有什么奖励……"

结果,在厂里的强制下,一个刚进厂不久的小伙子大志被迫跟着老丁一起学习。

眼看着离擦烟囱的日子不远了,可是老丁却一点动静也没有,大志也索性不催,因为他本来就不想学,他想要做的是像自己的名字那样,有大成就,大志气,发大财,而不是做一个擦烟囱的工人。

一天,正当大志在睡觉时,老丁把他摇醒了,然后说:"走吧,工作开始了。"

"啊?可是现在黑漆漆的,伸手不见五指的啊……"

老丁没有说话,径直走到烟囱下,大志也只好跟着。到了烟囱下面,老丁便打开手电筒往上爬,大志心想:这老头儿是不是疯了,大白天的不去擦,到了半夜,伸手不见五指了才上去……

但一股不服输的气势促使大志在旁边的梯子紧跟其上。经过好一番工夫,两人终于到达了顶端,老丁对大志说:"你往下看!"

"看什么?这么黑,什么也看不见啊……"

"那如果是白天呢?你从这么高看下去,会不会害怕?"

"当然了,吓也要吓晕了。"

"那么现在呢?"

"咦?现在头也不晕,似乎也没有那么怕啊。"

"呵呵,是啊,站得高了,人就会怕;看得远了,人就会晕。所以当你心生害怕，目光晕眩时，你是一步也走不动的，就像白天擦烟囱一样。所以，我们就要学会把干扰减到最少，就好像晚上这样，四周黑漆漆的，我们便可以只看着自己的双脚，一边擦，一边走下去就可以了。往上爬也是一样，需要一步步地来……”

跟着老丁，很快第一遍就下来了，换了方向，第二次爬上去的时候，两人并没有急着下来，而是坐在顶部那宽厚的烟囱顶上休息了好一会儿，才一边工作，一边移动下来。

擦一次烟囱，原本在大志心中感到十分不屑的事情却在他的心里产生了烙印，并不是擦烟囱本身，而是老丁所说的那一番话。

老丁的话很快得到了印证，在退休时，厂里除了每月发给其退休金外，还给予他一笔数目不小的奖金，其名义是累积了多年的好员工奖、额外付出奖，让其安享晚年，过一过清闲的好日子。

其实，大家都明白，这些附加的奖项不仅仅只是擦烟囱这件小事，因为老丁在工作中所付出的小事简直太多了。

而大志呢，在第二天看到那高耸入天的烟囱后，他的心绪更加复杂，但是对于未来的规划却是越来越明朗了。

他记住了老丁的话，凡事一步步地来，不好高骛远，从小事做起，做好每一件事，不论大小。最终，他由一名小工成为了组长，由组长成为了部长，由部长成为了经理，由经理成为了厂长……

一步一个脚印，大志坚信，所有大事都需从小事做起。

每个人都有自己所遥望的一个彼岸，但如果总是把目光放在那个遥远的地方，而不注意脚下的路，那么，即使是一个很小的石子也会把你绊倒。

所以，就像故事中所说的那样，心中可以有巨人的梦想，但是“事必于细”，眼睛一定要看准脚下，一步一个脚印地朝着目的地走，一件小事也不要放过。

正所谓，一屋不扫，何以扫天下？

小事？大事？

一些名人伟士从来都不会将其区分开来，甚至是歧视某一个，相反，他们深知两者是血脉相连、互相成就的关系。

细节决定成败，这些细节就是所说的小事。我们可以静下心来好好想一想，在你的生活中，有哪些是因为你忽略了小事而错过的大事。在工作中，你可能还是一个不起眼的小职员，每天做的都是那些跑腿、打杂的琐碎小事，你觉得很没有意义，觉得在浪费你的时间。如果你一直这样认为，并且把这些小事当做微不足道的小事来做的话，慢慢地你对工作的激情将消退，你将只能长期做这些小事，永远成不了大事。在生活中，你觉得每天晚上洗脚是一件很麻烦的事，于是你开始两天洗一次，三天、四天……就是这些琐碎的小事养成了你懒惰的习惯，阻碍了你人生前进的脚步。

不积跬步，无以至千里；不积小流，无以成江海，做好工作中的每一件小事，为你的同事倒一杯咖啡、每天坚持打扫办公室的卫生、自己去复印一下文件……只有做好了这些小事你才会有机会去做大事，成就你的事业。在生活中，对为你默默付出的人说声“辛苦了”，逛公园的时候捡起地上的易拉罐放在垃圾箱……完美地做好每一件小事，养成良好的习惯，你会发现你的生活会更加的美好。

一件再宏伟、再复杂的大事，也是由一件件小事组成的：一辆豪华的汽车，也离不开许多零零散散的部件，哪怕是一个小小的螺丝钉，也丝毫不能松懈，它甚至要比“没有油”这样的问题更重要。一辆看似完整的车没有油就无法发动，而如果一辆加满了油却在重要部件中缺少了几颗螺丝钉的车，看起来可以奔驰，但却岌岌可危，跑不了多少里程便会散动，发生故障……

想一想吧，当你急刹车时，刹车却因为螺丝过松掉落而失灵了；当你想要避开危险时，因为螺丝松动，稍一用力，整个方向盘都拔了出来；当你想要打开门跳窗而逃时，车门却因为螺丝引发的系列零件松动错位而无法打开……

有些小事可以弥补，而有些小事一旦引发了大事故，付出的却是生命的代价，永远也无法弥补。

所以，要成就大事，就要先把握好小事。疏忽了小事，错过了弥补，那也就永远与大成就失之交臂了。

2. 把握好你现在的生活

生命如逝水，流去的日子是不会回来的。为了不让生命毫无痕迹地流失，我们一定要好好把握它、利用它、填满它，至低限度，让它留下一点对得起自己的痕迹。

——法国思想家、文学家，批判现实主义作家、音乐评论家和社会活动家罗曼·罗兰

从前，有个人穿了一件粗布衣服要到朋友家做客，在路上，他遇到了一位自称有神通的人。自称有神通之人对他说："我看你面貌端正，应该是一位贵人才对，可你为何要穿粗布衣呢？现在我有办法让你穿上华丽的衣服到朋友家做客，你相信吗？"

布衣平民听到这话，欣喜不已，要知道，如果自己能穿得体面一点到朋友家做客，那多有面子！他满心欢喜地说："如果你真的能让我锦衣华服，我一定依你的话去做。"

于是，冒充神通之人就在路旁烧起一堆火来，并对他说："你把粗布衣服脱下来烧掉，等着它化成美服，便可拿来穿。"

布衣平民高兴地照他的话做，把身上的粗布衣脱下来烧了。可是当他裸着身子等了许久后，仍是不见有新的衣服出现。

其实，当下的人生是最难得的，要好好珍惜当下。这里所谓的珍惜当下，就是接纳自己，不荒废自身所有，不异想天开。所以，每个人都应该珍惜自己，了解自己的天赋和兴趣，然后在工作与生活中体验到实现成功的喜乐。

农民必然要在务农中领受到禾苗生长和收成的喜乐；工人必然要在工作劳动中领会其工作价值和辛勤奉献的喜乐；教师则在教不倦、学不厌中领受教学的乐趣。生活中的乐趣不在别处，就在你的生活和工作场所中。

如果你否定它，或者没有用心去体验它，就无法从当下的生活中感受到喜悦。这时候的你很容易堕入享乐的泥淖，用强迫性的感官刺激来麻醉自己。这种需求一旦形成习惯，就会自毁前程，如同故事中的布衣平民，烧毁当下所有的粗布衣，变得一无所有。

生活的真谛就是把握当下！

观察身边那些生活不快乐的人，他们之所以不快乐，其关键在于不愿意接纳现在，而热衷于憧憬未来的成就。这些人通常否定现在，追求高不可攀的未来，他们放弃眼前生活中触手可及的丰收，不愿意欣赏近在咫尺的喜乐，而耽于钻营遥不可及的未来。他们因领受不到幸福和喜悦，精神变得紧张焦虑，长此以往，原本幸福的生活也就被毁了。

因此，无论你的职业、家境、社会地位或身体状况如何，都要珍惜现在所有的，好好体会活在当下的喜乐。生活的好坏不是建立在跟别人计较、攀比上，而是应该建立在自己的安排和调适上。你能接纳自己，用你手中现有的资源去创造生活，实现生活，便会获得欢喜和幸福。

珍惜你现在拥有的一切，好好把握属于你的每一天，调整好心态，让自己快乐起来，这不就是一种幸福吗？如果方便的话，将自己的好心情感染给身边的每个人，让别人与你共同生活在阳光下，这也是一种幸福。多想那些让自己高兴的人，多做那些让自己开心的事，多说那些让自己舒服的话，你就会得到很多、很多。

眼前的生活才是最值得珍惜的，不要为已经过去的事情懊恼，也不要将未来的事情提前安排到现在。人生的每个阶段都有它自然存在的安排，如果强行扭转生活的轨道，最终结果无非是车毁人亡。如果人在年幼的时候只得到了很少的爱、吃了很多苦，那么成年后也很难体验到生活的乐趣和幸福。所以，人在每个阶段都有自己需要做的事情，为了将来牺牲现在，为了追求快乐牺牲将来都是不明智的。

不同的人生阶段会有不同的风景，而在这个阶段中，我们需要做的是体验和享受，而不是在顺势的时针中，以拨乱方向取乐。属于这个阶段的事情，只有在这个阶段做了以后才有意义，不要等到老了才去体会几个人坐一排，拿着鼠标、戴着耳麦大喊大叫的心情。

3. 看准你的转折点

一个人不论干什么事，失掉恰当的时节、有利的时机就会前功尽弃。

——古希腊伟大的哲学家柏拉图

在美国，有一个生产白兰地的法国商人，借美国总统艾森豪威尔67岁寿辰之机，挑选了两桶酿造67年之久的白兰地酒作为贺礼，派专机送往美国，并举行了隆重的赠送仪式。也因为这件事情，从而使法国白兰地一举打入美国市场。人生中不是没有机会，而是你能否看准你的转折点，主动出击，把握机会。

在一年久旱无雨的夏季，广州南方大厦在及时了解到马上进入雨季的信息之后，立即大批订购了雨伞。雨季一到，雨伞很快就卖光了。做生意就是要懂得看清时机，知道你人生的转折点在哪里，然后抓住机遇收获成功。生活就如同一盘棋，有时候需要主动出击，有时候需要躲避锋芒，就看自己如何把握。既要努力奋斗，也要抓住机遇，要经得起失败的考验，要不断地努力，只有主动地去做事，才能把握住自己的将来！

一位生产保险柜的厂长在电视上看到一条关于暴徒劫机的消息，

于是他马上联想到,既然暴徒们的枪支是偷盗来的,那肯定有关部门最近要发通知加强武器管理。于是,他马上组织研究人员制成一种专门放枪支弹药的保险柜,投入市场马上热销。这一行动让他原本亏损的生意一时间起死回生,发了笔横财。在我们的生活中,机遇是可遇不可求的,看清你人生的转折点,并主动出击,就会为你带来意想不到的收获。

一个法国的食品公司没有零售门市部,就聘请了一批灵活的推销员,专门打听有钱人家的生日、婚嫁、待客、探亲访友等日期,以及各种社会关系。在一家有钱人的寿宴上,该公司的礼品竟占92%。其实,做生意最重要的就是产品得到好的销售,在同等竞争条件下,你能够看到事情的转折点,并有敏锐的嗅觉、判断能力和把握机遇的勇气,你就是最后的胜利者。

在人的一生当中,最关键的是在人生的转折点上能否走好那关键的一步,能否把握住那稍纵即逝的机遇。人生的转折点并非可遇不可求,它就在我们的身边,就看你有没有生活的热情和敏锐的观察力。成功永远都属于那些随时睁着智慧眼睛、善于捕捉事物内在本质的人。

人生的转折点有很多,同时也很奇妙,很新巧。

大部分时候,人们都在憧憬能有个美好的、称心如意的人生转折点,借此机会改变人生和命运,想在漫漫人生旅途中留下闪光的一刻。

人生的转折点其实是有规律可循的。从婴儿到童年、入学、考学,开发智慧、认识大千世界,从此在脑海里流动着一份冲动。掌握知识让一个懵懂无知的孩子开启了大千世界的秘密,尽情地在知识的海洋里遨游，这本身就是人生美好转折点的开始。考大学，学成归来，做自己喜欢的工作，以积极的心态努力上进、奋力拼搏，不断丰富人生阅历，不断充实自己，这是人生转折点有规律的延伸。当工作有了一定的基础后，开始谈情说爱，成家立业，娶妻生子，履行当父母的职责，这是人生转折点最灿烂的一刻。

人生奇妙无穷，升迁、得子，生活越来越顺心，这些都是命运之神的眷顾。聪明的人会把握好这个来之不易的人生转折点，点亮自己的人生坐标，从此将开始灿烂辉煌的一刻！

人生需要迈过的坎坷和磨难有很多，但是只要你不放弃自信，努力去点亮你的人生坐标，人生转折点将不约而至来眷顾你，幸运之神保护你一生，让你的理想开花结果，丰硕你的人生！

4. 机遇要靠自己去把握

机会造访每一个人，能够及时利用的人却少之又少。

——英国外交官李顿

马自达汽车有限公司是日本著名的汽车品牌之一，它与海南合作的第一个产品是929两厢车和轻型皮卡，两年后开始生产323。由于受到当时的政策限制，这些产品的产量并不大，品牌知名度也不高。1998年，机会出现了，海南马自达并入了一汽集团，2001年5月向市场投放了普利马，次年7月又投放了新323。也是在此时，这些产品才开始“正大光明”地使用马自达这个品牌。由于这两个产品可以在全国范围内销售，马自达的品牌很快就被中国消费者认识了。

采取积极、主动的措施是马自达汽车有限公司发展的一个重要环节，他们清楚地认识到，只有主动发现问题，并逐步去改进，才会不断地进步，不断地发展。

“普利马”与“新323”的成功让马自达的信心倍增。2002年，马自达汽车有限公司与一汽轿车合作，将其平台技术处于世界领先地位的最新主打车型Mazda6轿车引进到中国。当时的马自达汽车有限公司刚刚扭亏为盈，还没有足够的经济实力与中国企业进行资本合作，只能采取技术合作的方式。

2003 年，马自达汽车有限公司与一汽轿车技术合作生产的 Mazda6 下了生产线，在同年的 4 月正式上市。Mazda6 轿车进入中国市场后，保持持续旺销，创造了当年单一品牌车型的最好销售纪录，一举跻身中高级轿车主流品牌行列。

在这个高科技迅速发展的时代，某些企业及时行动起来，把握住机遇，避免或减少了损失，而有些企业则坐以待毙，没有采取任何措施，以致最后遭受淘汰。其实，企业发展的机会有很多，关键要看你是否能够把握住。一个成功的企业家在投资决策中是不会放弃任何一个机会的，因为他知道优柔寡断就是在葬送前程。要善于抓住一切成功的机会，就算是一点小小的机会，也要学会把握，马自达就是一个最好的例子。

人的一生无时无刻不是在打着心理和思想战术，成功了就能收获喜悦，而失败了，也只能独自品尝苦果。但一个人要想获得成功，就必须敢于接受挑战，有明确的决断力，因为一旦丧失信心，机遇便在你犹犹豫豫的时候溜走。

成功者办事胆大心细，能够看清局势，在必要时刻能够看准时机，大胆出手去拼去搏，在气势上绝不能落于下风。

在日常生活中，我们经常可以听到一些人批判别人取得的成绩，说是他们的运气好，每次机遇都被他们抓住了，所以才取得了成功。这些话听起来似乎有些道理，但仔细揣摩，其实不然。机遇是客观存在的，对每个人都是公平、公正的，只不过有些人面对机遇视而不见，

有些人看见了机遇却抓不住，有些人抓住了机遇却难以取得效果。

无数的事实告诉我们，机遇只属于勤奋执著、不怕艰苦、苦苦追求的人。一个人如果没有坚韧不拔的勇气，面对拼搏中的阻碍，没有跨越的恒心，是难以品尝到机遇转化为成功的甜蜜的。

善于抓住机会的人都具有敏锐的目光，一旦机会出现，他就能立刻出手。因此说，机会永远属于那些面对机遇果断出击的人，对于那些犹豫不决的人来说，他们只有在回忆中才会发现机会在哪里，机会永远不会垂青于他们。

5. 心态决定一切

一个人失败的最大原因,就是对于自己的能力永远不敢充分信任,甚至自己认为必将失败无疑。

——18世纪美国最伟大的科学家,著名的政治家、外交家、哲学家富兰克林

美国有一位颇负盛名的传奇人物——教练伍登,他在全美12年的篮球联赛当中,替加州大学洛杉矶分校赢得10次全美总冠军。如此辉煌的成绩使伍登成为美国公认的有史以来最成功的篮球教练之一。

曾经有记者采访他:"伍登教练,你在比赛场上总是表现得精力充沛,能告诉我们是什么力量支持你取得今天这么辉煌的成就呢?"伍登很愉快地回答:"我每天晚上睡觉前都会提起精神告诉自己,'我今天的表现非常好,而且明天的表现会更好!'"

记者有些不太相信:"就只有这么简单的一句话吗?"

伍登坚定地回答:"看似简单的一句话,我却坚持了20年!其实,重点和长短无关,关键在于你有没有持续做下去,如果无法持之以恒,就算是长篇大论也毫无帮助。"

伍登身上积极与执著的态度不仅仅表现在篮球上，他对其他的生活细节也持同样的态度。一次，伍登与朋友开车出行，可是路上拥挤的车辆令朋友感到不满，继而频频抱怨，伍登却欣喜地说："这里真是个热闹的城市。"

朋友用不解的语气问："为什么你的想法总是异于常人？"

伍登则轻松地回答："这一点都不奇怪，因为我是用心中的'眼睛'来看待事情，不管是悲是喜，我的生活中永远都充满机会，这些机会的出现不会因为我的悲或喜而改变。只要一直用积极的态度去面对生活中的大事小事，我就能够掌握机会，激发更多的潜在力量。"

乐观的生活态度造就了伍登的卓越成就，让他在收获成功的同时也收获了一种健康的生活方式与生活态度。由此可见，积极的心态可以激发出人体内最大的"快乐因子"，让你在面对一切问题时都可以保持最乐观的心态，永远看到积极的一面。我们在生活中所秉承的最重要的态度有如一股无形的力量，左右着我们的每一次选择，最后也决定了我们的一生。

心态决定一切，一个人能力的强大与其心态有很大的联系，人往往在态度这一内在力量的驱动下激发出自身无限的潜能，而这种潜能如果被正确地用在生活、学习、工作中，结果会远远超出我们最美好的构想。心态是人们获得成功的基石，有人说，就算我们到最后什么都失去了，但至少我们还能以踏实的态度去生活。

这个世界上没有什么事情是做不好的，关键是你的心态问题，事情还没有开始做的时候，你就认为它不可能成功，那它当然也不会成功。或者说，你在做这件事情的时候不认真，那么事情也不会有好的结果。没错,这一切都归结为心态问题,你为事情付出了多少,你对事情采取什么样的态度,就会得到什么样的结果。

有三个工人在工地上工作,一个好管闲事的人前来询问:“你们这是在做什么呢?”

第一个工人爱理不理地说:“难道你不会自己看吗?我正在砌墙。”

第二个工人抬头看了一眼,说:“我们正在修建一幢楼房。”

第三个工人则笑脸相迎地说:“我们在建一座城市。”

10年后,第一个人还在工地上砌砖;第二个人坐在办公室画图纸,他成了工程师;第三个人呢,成了一家房地产公司的总裁,是前两人的老板。

你的态度决定你人生的高度,同样是砌砖的工人但却在10年之后发生了截然不同的变化,是什么原因导致这样的结果?是态度!

一个人对自己的人生拥有什么样的态度,他就会朝着自己理想的彼岸前进,无论在他的面前出现什么样的阻碍,他依然会保持自己对理想的一贯态度,努力前行,直到实现目标。第一个工人用消极的态度去对待自己的工作,把自己的目光停留在肤浅的表层,因此他的生活到最后依然还是一成不变;第二个工人的心态要比第一个工人稍微乐观点,尽管他也是在砌墙,但他却把这堵墙当做一栋楼房来建,心里想的是如何将楼房建设得更好;第三个人的心态是最积极的了,工作虽然辛苦,但他却能调解自己,内心充满了希望。人生最可贵的是拥有一个好心态,第三个工人把砌墙这样的小事当做一项伟大的事业来看待,10年后成为老板也就不足为奇了。

再看看我们身边的人,有多少人能够积极地对待自己从事的工作?又有多少能够在抱怨的同时,回头看看自己之前都做过什么样的努力,而所做的努力是否已经是自己最大的极限。如果没有,又怎么能期待成功呢?在任何时候,心态都是占主导位置的,当你拥有好心态的时候,成功是很难不敲你的门的。

第九章

留住机会，你就是强者

生活中有太多的错过，很多时候，不是我们学识不够，能力不足，而是我们没有抓住机会，以至于一生碌碌无为，没有建树。

幸福的生活需要积极去争取，有些事情看似失败，却也是人生的一个转折点，抓住时机，该出手时就出手，勇敢地为自己的幸福争取机会吧。

1. 该出手时就出手

机会是在纷纭世事之中的许多复杂因子，在运行之间偶然凑成的一个有利于你的空隙，这个空隙稍纵即逝。所以，要把握时机确实需要眼明手快地去“捕捉”，而不能坐在那里等待或因循拖延。

——法国思想家、文学家，批判现实主义作家、音乐评论家和社会活动家罗曼·罗兰

有一个沿街乞讨的流浪汉，他每天都蹲坐在路边想，假如我手头要有二十两银子就好了。

一天，流浪汉无意中发现了一只跑丢的小狗，这个小狗看上去十分可爱，乞丐看看四周没人，便把狗抱回了他住的地方，拴了起来。

这只狗的主人是个出了名的大财主，因为丢狗后心里非常着急，就开始四处寻购。要知道，这只狗可不比一般的狗，它是一只纯正的进口名犬。财主派人在街上张贴了很多寻狗启示：如有拾到者请速还，付酬金二十两银子。

流浪汉得知了这个消息，万分欣喜，这对他来说是一个千载难逢的好机会，而且广告里的酬金也正符合他所想的钱数。

第二天，流浪汉兴高采烈地抱着小狗准备去领那二十两酬金，可当他匆匆忙忙抱着狗又路过贴启事处时，发现启事上的酬金已变成了三十两银子。原来，财主寻不着狗，又吩咐下人把酬金提高到了三十两。

流浪汉简直不敢相信自己的眼睛，他向前走的脚步突然间停了下来，想了想又转身将狗抱回了自己的住处，重新拴了起来。第三天，流浪汉迫不及待地跑出去看，酬金果真又涨了，但他还是按捺住冲动。又过了三天，酬金涨到了让流浪汉都感到惊讶时，他这才跑回去抱狗。可是那只可爱的小狗已经被饿死了，流浪汉的美梦也破碎了。

机会对待每个人都是平等的，一个人该出手时一定要出手，否则，最终会像故事中的这个流浪汉一样，一无所有。

在生活中，无论做什么，都要把握住分寸尺度，所谓“该出手时就出手”，一旦错过了最好的时机，你可能一无所得。面对绝好的机遇，一定要做到“该出手时就出手”，切不可左顾右盼，举棋不定，贪小失大。

生活中，很多事情是没有第二次选择机会的，而我们需要珍惜每一个机会、把握住每一次机会。也许你已经练就了一身绝世好功夫，但若总是远离竞技的圈子，远观比赛的擂台，你武林高手的称谓似乎永远只是虚名或是自封。

一个人要想获得机会，并不能单靠运气，而是要有足够的能力，那么，当机会到来时我们才能迎面赶上去驾驭它。如果我们在平时的工作中不思进取，处理事情马马虎虎、敷衍了事，能力自然不能有所提高，这样即使有提升的机会，也不能胜任，只能眼睁睁让它溜走，望“机会”而兴叹。

其次，当机会到来时，要果断地做出选择，不要犹豫，该出手时就出手。有些人不够自信，面对机会总是畏手畏脚，不能积极地去把握它，而让机会从身边白白溜走。机会就像一个让人捉摸不透的精灵，如果它在你身边时你不知道珍惜，那么当它飞走后，任凭你怎么后悔也无法挽回。

把握机会还要有创新精神。现实生活中，往往是那些走别人没走过的路的人，才会有新的发现、新的机会。当你做到这些时，机会来了，就不要再犹豫，看准时机，抓住机遇，该出手时就出手。

人生就是一个不断选择的过程，如果我们的选择是我们应该选的，那么，这个选择就是助你走向未来，创造辉煌的机遇。因此可以说，人生也是一个不断把握机遇或放弃机遇的过程。机遇并不神秘，它一直都与你同行，关键是看你否能做到该出手时就出手。在把握机遇的同时要懂得在适当的时机出手，抓住机会，这样才能达到事半功倍的效果。

作为一个现代化的年轻人，就要敢于拼搏，舍得为自己想要得到的事物付出努力，用自己的能力去向别人展示你的风采，让别人看到你的闪光点，做到主动出击。要记住，现代市场上永远都没有等待，无论你是买入还是卖出，让自己变成主动者，做到该出手时就出手，这才是王者之道。

2. 幸福的生活需要积极争取

优秀的人不会等待机会的到来，而是寻找并抓住机会、把握机会、征服机会，让机会成为服务于他的奴仆。

——美国前总统塔夫脱

故事一：

一家大型企业因用人需要，正在进行招聘工作，此时，招聘室外已经排好了20来个人。这时，一个年轻的男孩也来排队，可是前面已经排了20个人，站着干等太浪费时间。于是，男孩留下了一张纸条，让排在他后面的人帮他占住这个位置。随后，男孩走到招聘室外的秘书小姐处，递给她一张纸条，上面写着："您好！我是第21位面试者，请您在面试完20个人之前不要轻易做出决定。谢谢！"秘书看到他一表人才，于是答应替他把小纸条交给面试官，面试官看完那张纸条后，笑了一笑。

故事二：

一只狐狸得知河对岸有甘甜的葡萄可以吃，便欢喜地向河边跑去。可是等它到了河边后，却犯难了，想过河就得弄湿自己光滑、漂亮的皮毛，而如果不过河的话就吃不到甘甜的葡萄。苦恼的狐狸在河边踱步、沉思，专注得连身后猎人的脚步声都没有听到，于是它成了猎人的猎物。

故事三：

从前，一个小镇上的3个财主一起出去散步，其中有一个人忽然发现前方有一枚闪闪发光的金币，他高兴的眼神顿时凝固了！几乎在同一时间，另一个财主也大叫起来："看，那是金币！"话音还没有落下，第三个财主就已经俯身把金币捡到自己手里了。

从这3个小故事中，我们可以得出这样的结论：机遇对待每个人都是平等的，关键在于行动。在现实生活中，很多人都发现了机遇，但是他们却没有采取行动，这就是他们失败的原因。每个人都想成功，可真正能够获得成功的人却寥寥无几，并不是他们不够聪明，而是他们太过于聪明了，只是一味地打算，而不去行动。殊不知，只要去行动，总会有所收获，因为只有行动才会为成功创造机遇。

一个人只有敢于行动才能获得幸福，才能在人生的道路上驾驭幸福，取得人生的成功，去实现自己的理想与抱负。

幸福的生活是自己用行动创造出来的，一个人若想获得幸福，就需要采取行动，把幸福创造出来。如果一个人想等着别人把幸福送到他面前，那他就永远也不会幸福。无论从哪方面来说，做事情都需要付出行动，只不过早晚而已，而早晚的结果却是大不相同的，早行动是一种状态，行动早则是一种机遇。如果我们不能把握住机会，不仅起步比别人迟一点，未来可能还会比别人差很多。

任何一种幸福都需要我们自己去创造，如果一个人天真地相信幸福在别的地方等着你，或者会自动找上门来，那么，他无疑是一个失败的人，永远不会获得幸福。如果你现在还没有工作，或者是暂时有困难，不要等着好差使上门找你，主动出去寻找吧，不主动去创造机会，不去发现机会，你就会在守株待兔般的等待中虚度一生。

抓住幸福需要的不仅是努力和勇气，更重要的是敢于行动。一个人的行动决定一个人的生活，当幸福来到你面前，你能伸手抓住，幸福就会留在你身边。

生活中到处都是幸福，只是看你是否会把握，是否会用自己的行动去抓住它。如果一个人抓住机遇，那这个人就已经成功了一半，而另一半就是我们所说的，也是最重要的，行动！幸福对每个人来说是一样的，但是，对不同行动的人又是不一样的。幸福只留给热爱生活的人、敢于主动争取的人，因为他们善于把握幸福，时时留心幸福。

3. 看似失败,其实那是机会

机会不会上门来找人,只有人去找机会。

——英国19世纪伟大的批判现实主义作家狄更斯

郭强是一个有事业心的男人,为了远大的理想,他花了10年的时间去学习,从最基础的工作开始。

终于,10年后,郭强有了自己的公司,他将全部的精力都投入进去,希望能够收获理想的果实。可是梦想竟然又在一瞬间破火了,公司倒闭了。

面对办公室里到处堆积的零散文件,郭强心里很不是滋味。想着自己努力拼搏了10年的成果换来的只是今天的狼狈身影,想着在家里一直默默付出的妻子,郭强的心里感觉到了比10年的奋斗付之一炬更为纠结的心情。在这一瞬间,郭强感觉到了自己的无能,同时也感觉到了自己的渺小。

这个令人困惑的现实让郭强很无奈。和其他人一样,他在学校里接受的思想是赢者不退,退者不赢,时至今日,亲身经历给他上了截然不同的一课。

当郭强拖着疲惫不堪的身体回到家中的时候，妻子已经做好了饭，在等着他回来。妻子看上去很淡定，看到郭强回来，妻子走到他身边说："失败并不可怕，可怕的是你因失败而一蹶不振。是的，眼前的你确实失败了，但是你10年的经验却还在，就凭这点，我们就还能东山再起。没有这次失败，你就永远看不到自己的问题在哪，总结经验教训，我相信你一定行！"

妻子的话让郭强豁然开朗。是的，失败也是一个机会，没有失败就永远不会看到自己的问题所在，看似失败了，实则也是一个机会。

在妻子的鼓励下，郭强又重新找回了自信，总结学习后，又重新踏上了创业的道路。

处在创业道路上的人往往会有一种乐观主义精神，很多时候，他们不愿意去面对失败，不愿意去谈论失败的可能性。在他们的字典里，从来都没有失败这个词，甚至在很多管理学的经典著作里，也从来不谈失败的风险。其实，失败是创业路上经常会遇到的，它并不可怕，相反，有些事情看似失败了，实际上却是另一种成功的开始。

失败没有什么可怕的，承认失败在某些时候是最明智的选择。生活中，只要你略加注意，就不难发现，在经济生活中那种不计后果的坚持并没有起到太大的作用。要知道，这种"坚持到底，永不认输"的精神吞噬了多少生命，打碎了多少家庭，弄糟了人们多少能真正获得成功的机会。它已经造成了太多的失败，让人痛苦，同时也在经济和心理上为将来埋下了一个毁灭性的祸根。

失败是企业家精神中至关重要的一部分，再伟大的企业家也曾有过失败的经历。明白了这个道理，就意味着你还有东山再起的机会。

人一旦经历过失败，就会发生一些虽然微妙但却有迹可循的变化。曾经有一位企业家做了一个精辟且耳熟能详的概括，他说:“失败让我更谨慎，不愿冒险，也更偏执。”这也证明了经历过失败的人，虽然仍有那种狂热去做事，但在这时却也会处处留神。所有的这些都向我们传达了一点:不要害怕冒险，但要在每次决策时降低风险;不要向失败屈服，但要牢记随时都有失败的可能性;时刻保持危机感，但不要被此吓倒。

经历失败就意味着你有成功的机会。很多事情看似失败了，但从另一种意义来讲，你也正在创造新的成功。如果能有一种方式可以让你不用经历失败却能得到充分的教训该多好，不过如果能了解失败的意义却不用去承受它带来的痛苦，不是更好吗?

4. 有一种机会叫"创造"

人们总是把自己的处境归咎于机会不好,我不相信机会。在这个世界上取得成功的人,是那些努力去寻找他们想要的机会的人。如果找不到机会,他们就自己去创造机会。

——爱尔兰剧作家萧伯纳

众所周知,索尼原本只是一家小公司,但盛田昭夫在科学杂志上看到贝尔试验室发明了晶体管后,第一时间就去美国买下了专利,2.5万美金就改变了整个世界。因为当时的世界还没有人认识到晶体管的重要性,而盛田昭夫用自己敏锐的眼睛发现了机会,并主动出击抓住了机会。

老人们都知道当时的电子管收音机体积很庞大,就像一张小桌子。盛田昭夫在获得晶体管专利后,利用它很快制造出了一批体积较小的收音机,它的广告语是:能装在口袋里的收音机。其实,这批收音机要比口袋还稍大一点,于是他将每位推销员的衣服口袋都做大了一些,让他们装在口袋里去推销,结果晶体管的这项专利当年就为他赢利250万美金,从此,索尼也成了世界级的大公司。

比尔·盖茨的微软公司在刚起步的时候也只是一间小公司，完全无法与IBM竞争，但他懂得不够实力成为竞争对手时，就先成为朋友的法则。微软公司开始主动地靠近IBM，并积极争取IBM的订单，最终为自己创造了成功。微软公司正是借助于IBM的力量为自己创造了前进的阶梯，而IBM数年后才反省到他们的自杀行为。

很多人总是抱怨人生中的机遇不好，殊不知，一个人没有积极的思想、主动的行动，即使有好机会也不会知道，还是一样会错过。就像马克·吐温说的："我往往是在机会离去时，才明白这是机会。"

生活中并不缺少美，而是缺少发现美的眼睛。在我们的工作和创业中也是如此，机遇有很多，就看你能否发现它们，利用它们。但是，仅仅发现商机是远远不够的，关键还要付诸行动，将商机创造成财富。当我们真正面对这些机遇时，一定要有强烈的机遇意识和主动意识，要善于抢抓机遇，争取主动，在新的发展中才会快人一步，加快发展，主动是发展的动力。

有些人一直都在等待机遇的出现，希望有一天一个大的机遇会落到自己身上，但是这个世界上没有天上掉馅饼的好事，就算有天上掉馅饼的好事，还不知道会落在谁的头上！茫茫人海中，比你高的就有优势，你只有主动去靠近他们，才能为自己创造机遇，抢到这个馅饼。

人生不是没有转机，而是需要你用积极的思想去发现机遇，并主动出击去把握机遇。

在竞争日益激烈的今天，被动就会被淘汰，主动则可以抢占优势地位。命运不是上天安排的，你把握住了生命的转折点，人生就会因此而改变，向着积极、美好的方向发展。

在工作中，是没有人安排你去做某些事情的，但如果你能主动行动起来，不但锻炼了自己，同时也为自己争取了相应的职位积蓄力量。可是，如果什么事情都需要通过别人来告诉你时，你就已经落后了，而你也注定会失败，因为这样的职位也挤满了那些主动行动着的人。

积极、主动就是在为自己创造机遇，增加胜算，社会、企业只能给你提供道具，而舞台需要自己搭建，演出需要自己排练，能演出什么精彩的节目，有什么样的收视率决定权在你自己。

在如今这个信息化时代，竞争力是非常大的，为了成为国际化的人才，为了在信息时代发挥自己的最大潜能，每一个有进取心的人都应该努力迫使自己从被动转向主动，大家必须成为自己未来的主人，必须积极地管理自己的学业和未来的事业——没有人比你自己更关心你的工作和生活了，没有人比你自己更适于管理你的人生和事业了。只有积极主动，才能创造机遇，也只有主动出击才能抓住机遇，走向成功。

5. 做好准备，你就是最好

唯有时刻做好准备的人，才能享有机会。

——法国微生物学家、化学家巴斯德

在很久以前，一家农户养的几头猪跑了，它们逃进了附近的一座山上，经过几代以后，这些猪变得越来越凶悍，甚至敢威胁经过那里的人。后来，附近村子里几位经验丰富的猎人想捕获它们，但这些猪狡猾得很，从不上当。

一天，一个老人赶着一头毛驴，后面拖着一辆车，车上装的是木料和谷粒。他走进野猪出没的村庄，告诉当地的居民他能捉到野猪。村民们都嘲笑他，因为没有人相信老人能做到那些猎人做不到的事。但是在两个月后的一天，老人又回到村庄，告诉村民，野猪已经被他关在山顶的围栏里了。

村民问老人是怎样捕捉那些猪的？

老人道："我上山后做的第一件事就是去找野猪经常吃东西的地方，然后就在空地中间放少许谷粒作为诱饵。那些猪起初都非常凶狠，可最后还是好奇地跑来，一头老野猪尝了一口，其他野猪也跟着吃，这时我就知道能捕到它们了。第二天，我又在空地上多加了一点谷粒，并在几尺远的地方树起一块木板。那块木板让它们感到惊慌，暂时吓退了它们，但是谷粒很有吸引力，所以不久以后，它们又回来吃了。当时的野猪还没有意识到它们已经是我的猎物了，而我要做的就是每天在谷粒旁边多树立几块木板而已，直到我的陷阱完成为止。每次我在空地上多加几块木板时，它们就会远离一阵子，但最后都会再来吃。等围栏做好了以后，陷阱也就布置好了，不劳而获的习惯使它们毫无顾忌地走进围栏，就这样，它们成了我的猎物。”

一个懂得耐心做准备的老人竟然完成了经验丰富的猎人所做不到事情，看来，有些事情并不像我们想象的那样困难，关键是在行动之前你都做了什么准备工作。

准备工作是成功的前提，只有做好了充足的准备工作才能保证事情顺利进行，而且做起来更容易。相反，毫无准备的工作是没有头绪的，也无法判断结果，当然会留下了许多漏洞和隐患，失败也就不可避免了。

一个做好了充分准备的人就是一个已经预约了成功的人。因此，在工作中，我们要时时刻刻提醒自己，“我准备好了吗”“还有什么需要准备的”“我所准备的是最适合我的吗”。当你得到的肯定回答越多时，你行动获得成功的几率也就越高。

确实，充分的准备工作才是成功的保证！那么，你做好准备了吗？

人们可能会为自己的失败找无数理由，但一切失败的最终根源其实只有四个字：准备不足。

坦白地说，任何人都不愿意面对失败。当技术人员发现自己辛辛苦苦开发的软件被证明有漏洞的时候；当销售人员费尽唇舌依然没有签到合同的时候；当一个管理者发现自己的团队是一盘散沙的时候；那种沮丧、失落的心情确实令人难过。也许他们可以找无数个理由来为自己开脱，什么运气不好、一时疏忽、配合不力等，但事实告诉我们，隐藏在这些失败背后的真正原因就是：准备不足。

第十章

学会释怀，你会更加勇敢

无论哪位富人，都不可能囊括世界所有的财富；无论哪些成功人士，都不可能取得各方面的成功；无论你拥有多少珍贵的东西，你都不可能拥有所有的东西。

如果我们不停地追求，如果我们的内心一直被欲望占领的话，我们也会被欲望和永无止境的追求累垮；可是，我们的生活中并不只有这些，还有比这些更加重要的东西，所以，在很多时候，我们要学会释怀，我们要学会放弃。只有学会释怀，我们才会更加淡定；只有学会放弃，我们才会积蓄更多力量，我们才会在未来的路上更加勇敢。

1. 不是你的，就果断地放弃

如果你在错误的路上，奔跑也没有用。

——全球著名投资商沃伦·巴菲特

曾经有一位教授逻辑学的老师，他四十多岁，对于人生、事业有着自己的见解和看法，他十分关心他的学生，也会在课堂上为他的学生讲授一个又一个生活中的哲理。

有一次，在课堂上，一位同学显得十分沮丧，完全没有专注听课，下课后，老师叫那位学生一起去校园走走。

当他们走到校园里一片花开得正艳的花园的时候，停了下来，老师说："你看这些蜜蜂，它们享受着劳动的快乐，在采花粉的时候，不仅能够帮助花的雄蕊和雌蕊传播花粉，而且有利于自己获得花粉；你看，这只小个头的蜜蜂看到旁边大蜜蜂的到来，它就寻找下一朵花而不是与大蜜蜂争夺这一朵花……"

那位学生说："是呀，可是，人们却总是不能做到像蜜蜂那样，选择放弃。"

老师说："人们之所以不懂得放弃，是因为有很多人不会像这些动物一样,认识到有些东西不是自己的,所以不懂得放弃,这是十分正常的事情。如果我们能够像自然界的动物那样,会更加顺畅地适应这个社会,活得真正洒脱。”

学生:“人是复杂的动物,总是不能够正视那些不是自己的东西,总是不能释怀。”

老师:“是呀,你说得对,像你们这样的年轻人就是看不清哪些东西是属于自己的,哪些东西又是需要果断放弃的。”

学生:“也并非完全是这样,年轻人中也有很多比较理性的人呀,我认为理性的人更能够认识到哪些东西是我们要放弃的。”

老师:“那你感觉自己是比较感性还是比较理性呢?”

学生:“我感觉我更靠近理性吧。”

老师:“那为什么你还在为一些事情而难过和精神恍惚呢?”

学生:“我的女朋友刚刚离开了我,我从来没有预料会有这一天的到来,对我而言,这就像地震一样,猝不及防,我没有办法一下子从失恋中走出来。”

老师:“我教了这么多年的逻辑学,你知道我是怎么看待失恋的吗?失恋,就是及早地发现一个不爱你的人离开了你,既然这样,为何不去寻找真正属于你的幸福呢?”

学生:“谢谢老师,我明白了你的意思和用心。”

是呀,就像这位老师说的那样,失恋,就是及早地发现一个不爱你的人离开了你。不属于我们的东西,我们为什么还要苦苦追求呢?我们为什么还要因为那些不属于我们的东西而闷闷不乐呢?我们只有学会释怀、学会放弃,才是最明智的选择。

对于生活中的事情,我们也要像那位老师给失恋下的定义那样,要早点清醒、果断放弃,我们要去寻找真正属于我们自己的东西,那样,才是做最有意义的事情。

不属于你的爱情，任你怎样追求，都不会从中获得快乐和结果；不属于你的东西，任你怎样努力，也不会得到它；不属于你的事情，只有果断放弃，才能早点踏上自己的路途。

“命里有时终须有，命里无时莫强求。”这句话虽然有些倾向于命运论，不过，它也教会我们学会果断放弃和释怀。我们只有在意识到那些不属于我们的东西的时候，我们才会选择果断放弃，才不会因此而闷闷不乐，才不会因此而变得悲观，才不会做出错误决定，才不会踏上迷途而不知返。

在我们对待感情，面对不喜欢自己的人的时候，我们不能强求他（她），因为“强拧的瓜不甜”，与其苦苦地挽留，还不如宽容大度一点，学会放手，给他（她）一个自己的空间，也给自己一个重新寻找爱情的机会。而生活中，我们做其他事情，也要像对待感情一样，当我们面临客户悔约与他人签单的情况，我们再做任何努力也已无法促成客户履行合约的时候，我们应该做的就是索取违约赔偿，寻找下一位客户。只有这样，我们才不会还为了那个不可能达成的合约，再做白费力气的劝说，我们不应浪费更多时间，放弃才是最明智的选择。

当一些事情已然朝着破产的方向发展，当我们已经无法挽回或者改变的时候，我们只有果断地放弃，而不是继续向其投入更多的人力、物力、财力来挽回局面。我们如果这时还在坚持只是垂死挣扎，不会有任何效果，也起不到积极作用。只有这样，我们才不会在这些不属于我们的东西上浪费更多时间和精力。就好比，你明知你的客户已经有了预期违约的现象，而你还不采取措施还向他发送货物，这不是愚蠢吗？

只有释怀，我们才不会因为那些不属于我们的东西而影响我们的生活和工作，只有果断放弃，我们才能够更好地面对明天，开始下一段征程。

2. 有舍就有得

大势好未必你好，大势不好未必你不好。

——阿里巴巴总裁马云

五年前，他刚刚在娱乐圈站稳脚跟，是一位被所有导演都十分看好的演员，可是，娱乐圈就是娱乐圈，充斥着巨大的财富的同时，也有着很大的压力和透明度。如果你错过一部戏，就使你一直停留在三级演员的位置，新人也会因为一部戏迅速串红抢占他人的光彩，个人的行为、习惯、爱情等都可以成为娱乐记者的关注点，受欢迎度也会因此而受到巨大的冲击。

而他为了使自己能在娱乐界占据重要的位置，不停地接戏，不仅是为了挣更多的钱，给妻子和父母更好的生活，也是为了自己的事业。可想而知的是，他不停地拍戏，与家人相处的时间自然会很少，尤其是年轻的妻子，几乎每天都是自己一个人待在偌大的房子里感受孤寂。

他一直受到很多观众的喜爱，而他在与公司签订合同的时候，公司就要求他隐瞒结婚的事情，理由是结婚会使他的人气受到很大的影响。随着拍戏越来越多，娱乐记者对他也越来越感兴趣，他的住所一换再换，就是为了将他的妻子藏起来，不使她受到娱乐圈的影响，也能使她平静的生活，可是，这种隐瞒的方式让他的妻子感到厌烦和难以忍受，而他的妻子又在这个时候得知自己怀孕。

在他终于完成一部戏之后，她准备将这个好消息告诉他，可是，太直接她怕会吓到他，就想给他一个惊喜，她试探着说："我想要一个孩子，这样，有他陪我，我就不会再一个人待在这个空荡荡的房子里，不会再孤单。"谁知，他却以工作忙，没时间照顾，现在的情况不利于他的成长，而且还得经过公司同意等借口表明了自己的态度。

又过了一个月，她去看他，还没说到三句话，他的电话就响了起来，她对他说话，他也一直没有理会，她再一次失望离去。最终，她带着肚子里的孩子离去，在离开的时候，她留下了一封信，信中写道：你有你的工作和事业要忙，我也有我想要的生活方式和丈夫的陪伴，我可以看得出，你为了工作和事业或许已将它们割舍开来……当他回到死一般沉寂的家中，他再也没有看到她的身影，他搜寻每一个房间，查看每一个角落，最终，他看到了那封信，他才明白，对他而言最重要的不是工作、不是在娱乐界的位置、不是金钱、也不是光环，而是爱情和家人。可是，等他明白之后，又有什么用呢？茫茫人海，他又到哪里才能找到他的妻子呢？

不是每一种舍弃，都会伴随着有利于我们的结果而来的，这位演员就是为了获得事业和成功，舍弃了亲情和爱情，最终得到的回报也是后悔和茫然。

我们在做每一件事情，在做出选择和舍弃的时候，我们都要清楚自己想得到的是什么，只有知道我们真正想要的是什么，明白我们舍弃的部分对于我们的重要性的时候，才能做出明智的选择，才会有舍而有所得。

舍得，舍得就是有“舍”才有“得”。

什么都是相对应的，我们舍弃一些东西，上帝必然会给我们另一些东西回报。这是一个谁也不可能改变的真理，就像人们常说“上帝在为你关上一扇门的时候，必然也会为你打开一扇窗”。

实践就是检验真理的唯一方法，而在现实生活中，“有舍就有得”得到了无数次的验证。然而，不同的选择、不同的舍弃，我们从中得到的也有所不同。那么，在舍与得的过程中，哪些是愚昧的，哪些才是我们应该舍去的呢？

越来越多的年轻人，为了事业不断奋斗，为了工作加班到深夜，而在他们得到事业、得到越来越优厚的工作的同时，他们也舍去了他们的健康，身体受到了慢性疾病的困扰，并且不断地出现新的问题。可是，身体健康是每个人都不能舍弃的，为了事业舍弃身体无疑是愚昧的做法。浙江电视台的美丽主持人梁薇，带着年轻的生命离开了这个世界，就是对人们的一种警示，一种不要为了事业而舍去健康的警示。

这样愚昧的“舍”与“得”还有哪些？比如，一些企业因为追求利益而舍去产品质量；一些人们为了金钱与财富，不惜舍去原则和公正；一些人为了谋求官位而舍去自己的职责等。进行这种愚昧选择的人，也终会有一天得到他们应该得到的惩罚。

但生活中，还是有很多舍弃会使我们获得更多有价值的东西。

放弃一天的工作时间，回家陪陪家人，我们会得到更多的亲情和关爱。对年迈的父母，如果我们还不肯舍弃一些工作时间陪伴在他们左右的话，或许我们会等来后悔，我们再想要弥补的时候，也已来不及；放弃获得更多利益的野心，我们不会因为利益为各种事情操劳而是过得平淡和豁达;放弃手中的权力和事业,将舞台让给更有能力的年轻人,没有负担才能够享受生活。

虽然,利益谁都想获得,成功谁都想追求,可是,当我们放弃一些东西而获得健康、亲情、豁达、平静、幸福的时候,终有一天,我们会觉得这是值得的。

舍弃每一样东西,都会有另一种东西作为补偿,关键就看你懂不懂“舍”与“得”。

3. 懂得选择，敢于放弃

懂得放弃，才能有更美好的未来。

——著名诗人、作家冰心

2008年8月8日，对于我国的每一位国人而言，是十分重要而且值得永生纪念的一天，因为百年奥运终于在我国拉开帷幕。

而2008年8月18日，可能有很多人已经不记得是哪一天了，不过，我想有很多人都在这一天默默地关注着一个人，关注着一个背影，看着那个再熟悉不过的背影渐行渐远，他就是刘翔，那个曾在2004年奥运会以110米跨栏奥运冠军走进所有人视野的中国人，那个第一个亚洲人在110米跨栏中获得金牌的亚洲飞人。

2008年，作为我国优秀的运动员，刘翔成为所有国人寄予厚望的对象，多少观众因为刘翔而购买110米跨栏的奥运门票；多少电视机前的观众为了再次见证刘翔飞翔般的速度而早早守在电视机前，而当刘翔出现在110米跨栏的比赛场地时，所有人的心中都在沸腾，当他试跑的时候，人们的心早已提到喉咙；而当预赛枪之后，刘翔并没有像2004年我们看到的那样飞翔，而是跑了几步就慢了下来，而到最后停了下来,带着痛苦的背影离开了比赛场地。

面对刘翔的突然退出,无论是对于现场观众还是电视机前的人们而言都很突然、失望、难以置信、诧异、疑问。

而在随后举行的关于刘翔退出比赛的新闻发布会上,刘翔的教练孙海平对于刘翔因伤退赛做出了详尽具体的解释。孙海平在说到刘翔的时候也流下眼泪,刘翔的坚韧与不屈,得到了更多人的理解和支持;刘翔的伤势,引来了更多人们的关心;而刘翔退出比赛,也获得了人们的认同和肯定。

其实,我们可以想象,有着最大压力的不是教练,心中最难过的也不是教练和我们,最难以面对的更不是我们,而是刘翔自己。我国13亿人民都在关注他的比赛,都期望他再次创造奇迹,再次展示华夏子孙的能力,他难道就想轻易放弃吗?他在离开的时候背影中都带有歉意、无奈与不屈,可是,还有别的选择吗?面对健康和比赛,他做出了最慎重的选择,他选择了健康,选择了下一次机会,而不是坚持跑下去也无结果的比赛和更加严重的拉伤。

换作我们,我想我们每个人也会做出同样的选择,因为我们都明白:留得青山在,不怕没柴烧的道理。

刘翔背负着所有国人的期望,而放弃也是顶着很大压力,需要很大的勇气才做出的选择的,因为只有他最清楚如果跑完全程会有一个怎样的后果,他比我们更清楚、更理智。奥运会可以再参加一次,而伤口却不一定能够完全恢复。所以,他才会毅然做出令所有人都诧异的选择,不过,正是由于人们对于他的选择有了更多的了解,刘翔才会获得如此多的人支持,才会得到我们的谅解。

放弃并非完完全全地抛弃,放弃也是一种选择,也是一种衡量,是我们有时必须要做出的选择。有时候,我们必须要勇敢放弃,因为放弃才是最好的选择。

强心剂

放弃并非是一种愚昧，并非是不敢坚持，也并非是半途而废，而是一种理智，是一种抉择。

人们常说“人贵有自知之明”。绝大多数时候，我们对于自己的情况再了解不过，选择放弃就是一种自知之明的表现。而那些明知不可为而为之的人，才是钻牛角尖的傻子，才是撞到南墙的愚昧。

由此可见，放弃也是一种选择，也是一种智慧。

生活中，当我们能力有限不能达成某件事情的时候，我们还会去做吗？当我们付出努力和汗水得到的并没有我们付出的多的时候，我们还会坚持吗？当我们知道我们不能继续的时候，我们还会顽固地进行吗？不会！那么，我们为什么还要对别人的放弃而有种种想法呢？这样看来，放弃不就是一种最好的做法吗？

或许，我们每个人都有在风雨中前行的勇气，可是，雨水会打湿我们的衣服，我们会摔倒，我们会放慢速度，会因为这一时的冲动而生病，而当我们到达目的地的时候，目的地还属于我们吗？为何不等到雨停以后，再加快脚步呢？

或许，我们能翻过大山，蹚过大河，可是，我们会因此而摔得不能走动，我们会跌得体无完肤，我们会失去前行的动力，这时，山外的风景，河对岸的美丽还是我们想要的吗？成功还是我们的目标吗？就算我们真正达到了，我们为此而付出的会和我们得到的成正比吗？为什么不选择暂时放弃前进呢？为什么不退一步寻找其他方法呢？

其时，放弃也是一种前进。只有我们懂得了选择，勇于放弃，我们才会迷途知返，我们才会找准前进的方向，最终才会尝到胜利的喜悦。古代的越王勾践，面对失败，懂得选择放弃，而不是为此做出无谓的牺牲，卧薪尝胆，取得了大败吴国的最终胜利。所以，有很多时候，只有我们懂得了选择，我们才会明智地选择放弃，我们才会为了成功积蓄更多力量，我们才会在自己变得更强大的时候，更轻松地获取成功。

退一步，才会有更大的力量。选择放弃，只是为了最终的胜利而战而并非真正意义上的放弃。

4. 你愿意因为一棵树而错过整片森林吗?

最聪明的商人不是只看到手中的钱,而是想尽办法以做人为头等大事。

——长江实业集团有限公司董事局主席兼总经理李嘉诚

在一个城市里的一个市场中,有两个同样以卖蔬菜为生的菜农,菜价也没有什么大的差别,有很多菜的价格甚至是相同的,可是,一个人的生意很红火,每天都有很多人来买,而且,他还因为客人很多而雇用了几个人帮忙;而另一个菜农却没有多少人光顾,门庭冷落。

他们的菜没有什么区别,可是,为什么会有如此大的差别出现呢?

经常在那里买菜的人就会发现这其中的秘密。原来,那个生意兴隆的菜农,无论哪一位顾客来买菜的时候,多余的一毛、两毛钱,他都不会要。而且,很多时候,面对回头客,他总是会给他们更加便宜的价格。比如,2.2 元的菜,他总是只收顾客 2 元钱。就这样,第一次来的客人,会因为老板的热情和灵活而成为回头客,而那些回头客又会介绍更多的人到他这里来买菜。就是这样,形成了一个良性循环,生意当然会越做越好。

而另一位菜农,他是对秤不对人,秤上显示的是多少钱的菜,他就收相应的价格，就像超市里的收银员一样，而人们往往不想要零钱，也不想要更多的菜，可是，他却不给便宜；就是这样，他的生意越来越淡，直到最后，几乎没有人来买他的菜了。

其实，并非第一位菜农愚昧，只是他懂得变通，懂得放弃那些小的利益来获取更多的利益；而另一位精明的菜农，看似十分精明，可是，就是因为他的精明不放弃收获一丝一毫的利益而丧失更多的利益。

在那里买菜的人们也常说：第一位菜农做的是明天的生意，他懂得放弃小的利益获得更多的利益，放弃今天的小利益而获取明天的生意；而另一位菜农则做的是今天的生意，他为了一些小利益放弃明天更大、更多的利益。这就是区别，是他们的生意不同的区别。

生活中，因为捡得一个芝麻而丢弃西瓜的人比比皆是，而上面的那位菜农就是这样，因为那些小利益而失去明天更大的利益。

小的利益就像是一棵树，因为一棵树而放弃一片森林的人，又会有多少呢？一花凋零，荒芜不了整个春天；一星陨落，暗淡不了整个天空；放弃一棵树，我们不会因此而错过一片森林。

所以，我们应该为了长远的打算而放弃眼前的小利益，我们要为了一片森林而放弃一棵树。

面对利益，谁都想追逐，谁都不想放弃；然而，在一些利益面前，我们必须舍弃，只有这样，我们才能获取更多的利益，我们在明天才会有利益赚取。

古往今来，那些成功的人，那些拥有万贯家产的人不都是放弃了一些利益，才会获得今天的成功和财富，不都是因为放弃了一棵树而拥有了一片森林！

就像那些工厂，因为眼前的利益，为了赚取更多利益，而采取各种手段寻求最大利益，躲避检查排放不达标废弃物、有害气体，不顾质量而追求高效率，不顾消费者的实际情况采取降价或者生产低价位的产品，这样只会有一个结果发生：走下坡路。

如果只是牢牢地抓住一棵树，我们就会因此而丧失一片森林；而看不到一片森林的存在，我们也只会抓住一棵树不放，这是一个恶性循环，走出恶性循环只有一个方法，那就是放弃小的利益，放弃眼前的利益，而立足长远，只有这样，我们才会在后期获得更多的利益。

我们都知道的海尔，就是这样。海尔的张瑞敏面对着企业内生产的 70 多台不合格的冰箱时，做的并不是怎样蒙混过关，而是当着工人的面将那些不合格的冰箱都砸掉，在 20 世纪 90 年代，70 多台冰箱可以为企业带来多少利益；然而，张瑞敏毅然选择舍弃这些小的利益，而为企业赢得的信誉，赢得了更多的消费者，最终海尔的产品也能在海外市场立足。

而如今，从市场上消失的三鹿奶粉，也是给我们的一个教训。三鹿为了获得利益不惜以产品质量做赌注，最终在企业走向灭亡的同时，企业高层人员也受到了法律的制裁。

为什么三鹿走向灭亡而海尔却越做越大，就是因为三鹿只是抓住了一棵树，而海尔看到了整片森林。

只有我们懂得放弃，只有我们驻足整片森林，我们才不会因为眼前的一棵树，而做错误的决定，我们才有可能最终抓住整片森林。

5. 释放你的心灵，做到收放自如

什么都想自己干，这个世界上你干不完。

——阿里巴巴总裁马云

她是一家大型企业的管理者，尽管她早已青春不再，可是，她依然对生活和工作十分有激情、有动力，企业也在她的管理之下，显得十分人性化，企业员工的积极性也很高。

她也是由一名小职员逐渐升到今天这个位置的，她所经历的也比那些年轻人更多，有着更多心得。如今，如此积极地工作，也是由于有一颗健康的心灵。

她说："面对如此纷乱、满是挑战而又充满诱惑的世界，我们很多时候，必然会面临很多压力，我们会觉得疲惫，不只是身体还有心灵，会觉得失望、无奈甚至绝望；有很多时候，我们在求得更好的生存的时候，我们会丧失自己的原则，我们会变得冲动甚至犯下错误；我们为了满足心中不停滋长的欲望，会不断地坚持，永无止境地追求我们想要的东西。如果这样的话，长时间以来，我们只会崩溃，身心的崩溃，我以前就是这样，可是，职位越来越高，我越是学会了释放心灵……"

她在工作中十分理性，而下班之后，又变得很感性。有时候，企业需要员工加班，在下班之后，她会邀请她的员工共进晚餐，谈论有关时尚、护肤的问题；而当她遇到很大的不愉快的时候，她会请一天假与孩子去游乐场玩、去吃大餐；当她缺乏工作激情、对工作产生厌烦的时候，她会申请一段旅游的假期，她经常会放弃薪水而选择去旅游和休假。

不仅她个人是这样，她要求企业内的员工也要像她这样，随时释放心灵，她会给员工释放心灵的时间和机会，甚至可以找她聊天。就这样，心灵在释放与压力之间不断地进行轮回，而她也因此保持着工作激情和动力，做到收放自如。

我们的心灵也会因为这个世界的纷乱而造成影响，如果我们将所有的压力、委屈、挫折、不开心都憋在心中，学会伪装、强作笑脸、躲在角落里哭泣，只是给心灵一个暂时的“避风港”，在“避风港”里待一段时间，我们可能会觉得好了很多。可是，这就像是一块止痛贴，只能暂时消除疼痛，却不能医治病根。

我们只有像那位出色的管理人员一样，一旦心灵积累了灰尘，就及时清扫，只有这样，灰尘才不会越积越厚；只有这样，心灵才会得到一个释放，才能做到收放自如，快乐地工作和生活。

有一颗豁达宽广的心，对于生活中的事情才会更加释怀，才不会因为一些琐事而耿耿于怀，才会更加坦然地面对明天，过好每一天。

就像人们都知道的小故事里所讲的那样。一位老太太无论晴天还是雨天，她都愁眉苦脸，因为，她的一个儿子做着晒盐工作，而另一个儿子在卖伞。晴天的时候，他为那个卖伞的儿子发愁，愁苦他的伞卖不出去；而雨天的时候，他又担心晒盐的那个儿子无法晒盐。就这样，她每天都愁容满面。

一位老禅师帮她解开了心结，他告诉老太太的方法十分简单：晴天的时候，你要为晒盐的儿子感到高兴，因为有一个好天气；而雨天的时候，要为那个卖伞的儿子感受高兴，因为他的雨伞可以销量大增。从此，老太太每日都是笑容满面。

我想，禅师这样说的用意就是要让老太太的心灵得到释怀，只有心灵得到了释放，才会更加自信地看待生活，看待我们身边的一切。我们才会学会放弃一些事情，一些看法，一些行为，我们才不会再钻牛角尖，才不会愚昧地坚持一些我们不可能达到的事情，更不会一直将自己困在一个什么都不放过的房间里，自寻死路。

只有拥有平淡的心态，能够释怀和坚持灵活自如的运用，我们才能更好地活在这个尘世，我们才不会因为一些事情而苦恼，我们才会因为放弃而获得更多的快乐，收获其他的东西。

“懂得选择”“勇于放弃”“有舍有得”都需要我们有一颗收放自如的心，只有我们将心态摆正了，我们才能够做到这些，我们才能够获得更有价值的东西，我们才能够收获更多的生活经验，我们才能在人生道路上走好，走得更远。

学会释放心灵吧，心若宽了，还会不懂得取舍吗？还会做不到收放自如吗？肚里还会撑不下船吗？

第十一章

坚守信念，未來就成功了一半

信念，是我们前进的动力；信念，是我们成功路上的奠基石；信念，是我们创造奇迹的力量；信念，是我们走出困境的希望。

只有坚守信念，我们才会成功；坚守了信念，我们就在未来的路上获得了一半的成功；把信念当做一种信仰，我们就能在成功的路上走得更远。

1. 信念就是你的力量

先相信你自己，然后别人才会相信你。

——俄国批判现实主义小说家、诗人屠格涅夫

被誉为亚洲销售女神的徐鹤宁也是一位坚守信念的人，就是信念支持着她迈出成功的第一步，就是信念支撑着她做出越来越大的成就。

徐鹤宁是以推销第一名的成绩加入安之机构的，而在加入安之机构之后，她并不十分自信，在做自己的第一次演讲时，她显得十分紧张。那是她第一次面对那么多人，第一次介绍自己，演讲的时候，她吞吞吐吐，说错字现象多次发生，而到最后她干脆直接紧张地去了洗手间，可想而知，这必然是一次失败的演讲。

陈安之将她的这次演讲列为最后一名，最后一名是没有机会给别人演讲的，而且陈安之还带着她观看其他人是怎样演讲的。在观看他人演讲的过程中，徐鹤宁心中暗想：同样的演讲，自己肯定能比他们讲得更好。

没有机会演讲，她就自己寻找机会。当她只身一人来到深圳的时候，为了得到第一个演讲的机会，她甚至给她要演讲的企业说她是安之机构的首席讲师；而当她冒着大雨来到那家企业的时候，接待人员问道：我们请的首席讲师呢？她面对别人的不屑，可还是自信满满地说我就是。

她明确告诉企业老板她并非真正首席讲师，但她相信她一定能够讲得更好，恳求老板给她一个机会，并且保证不会让老板失望，老板给出了十分苛刻的条件才答应让她演讲。

这是徐鹤宁的第一次演讲，演讲还没有开始的时候，她就充满自信，而演讲从始至终，没有一个员工离开，她激起了员工们的工作激情，得到老板的高度赞扬。

如果徐鹤宁不相信自己，不坚定自己信念的话，或许到现在还不会有迈出成功步伐的一天，或许今天我们也不知道有一个销售女神徐鹤宁的存在。

在徐鹤宁的成功之路中，必不可少的就是她内心的信念，她相信自己是最棒的信念是支撑她勇敢走出第一步的力量。如果内心没有强大的信念作为支撑，她不可能那么胆大地说出自己是首席讲师，也不可能在第二次的演讲中表现得那么出色、那么自如。

信念就是力量，指引我们前进的动力，只有坚持自己心中的信念，我们才能大胆迈出第一步，只有坚持心中的信念，我们才不会恐惧，我们才不会怀疑自己的能力，我们的每一步才会更加铿锵有力，才不会动摇。

有一股这样的力量，它能指引我们走出内心的恐惧面对未来，它使我们即使处于黑暗也要不断摸索，它让我们勇敢地走出失败，它让

我们相信自己，它让我们的能力得到最大程度的发挥，而它就是信念。

我们的信念就是我们的力量，试想一下，如果没有信念的支撑，数不胜数的企业在遭受金融危机袭击的时候，它们又是怎样挺到今天顺利过冬；如果没有信念的支撑，为什么会有那么多人还冒着商业风险进行各种各样的投资；如果没有信念的支撑，我们又是怎样在这竞争越来越激烈的社会立足的。

信念不仅是一种力量，一种强有力的推动力，而且是我们对于自己的信任，是我们对于自己能力的一种肯定，对于自己判断的一种坚信。

在百度刚成立的时候，每天不是交纳多少税款，而是以数千万的速度亏损，而就是李彦宏的坚持，李彦宏对于自己的信任，内心信念的支撑才促使他没有放弃。而李彦宏在回忆自己创建百度时也这样说道："我小的时候有很强的不服输心理，越是大家不看好的事，我越是要做成。"这就是一种信念，这就是对于自己的一种信任，对于自己的肯定，就是这样的力量支撑着李彦宏走到今天，走向成功。

让我们再回想 2008 年的汶川地震，有多少人创造了奇迹，有多少人坚持了一个星期的时间等着救援人员的到来，科学家对于人类生命的忍受极限的预言被打破，而他们之所以能支撑那么久就是因为他们心中有着很强的信念："要与亲人团聚""自己不能倒下""孩子不能没有爸爸妈妈"等支撑着他们勇敢地走出黑暗。

我们都会遇到失败，都会有艰难的第一步，都会陷入困境，可是我们不能失去信念，我们不能失去让我们再次成功的力量，相反我们要依靠这种力量重新走向成功，重新面对生活，面对人生。

2. 只有你想不到的，没有你做不到的

大鹏一日同风起，扶摇直上九万里。

——唐朝诗人李白

曾经有一家刚涉市场的啤酒厂家，啤酒厂的老板要求十分苛刻，他要求企业员工拿出最好的广告来展示企业所产的啤酒的香醇，也要展示出人们对于此种啤酒的喜爱。

企业人员为了这则广告向企业内的所有员工发出通知而且还有奖金刺激，在企业众多高层管理人员的挑选下，终于选出一个比较满意的广告策划，广告内容是这样的：一群人在喝啤酒，其中的一个人用大拇指顶开啤酒瓶盖，说××啤酒，按捺不住。当高层管理人员把认为不错的广告创意摆到老板面前的时候，老板却不做任何思考而否决了，原因就是用手开啤酒十分危险。

企业管理人员见此向老板道歉，而且解释道："这样的广告我们之前没有做过，对于企业的工作人员而言都是有很大困难的，我们真的很难做到完全符合您标准的广告创意，其实，这个广告就可以……"老板还是没有采纳这个广告设计，而且向外界发出征求广告创意的奖励

通知,而最终一位还未毕业的大学生过了老板的关,获得了这笔不小的奖励。他所做的只是对那张被老板淘汰的广告进行了修改,并成为了自己的广告。他的广告是一个人在喝啤酒的时候,用大拇指按住啤酒瓶盖而瓶中的啤酒却从中不断的溢出,而且吸引到周围的人,然后说:“××啤酒,按捺不住。”

老板说:“这就是我要找的人,并不是因为他比我们企业的人员更聪明,而是你们不相信自己,不相信自己能够做到,所以不会仔细观察,所以你们不会从中发现,从中改变;而只有相信自己,坚信自己的信念,就会有奇迹,就会有不可能的事情发生。”

这个在企业员工看来难以完成的任务却被一位毛头小伙完成了,而他之所以能完成就是因为他心中有着信念,他并没有怀疑自己不能完成这件事情,而是观察、改变和思考,而最终有了令人满意的成绩。

如果我们认为一些事情不可能发生,那么我们就不会主动地想怎样让它发生的方法,而最终它就真的不会发生;而如果我们坚信一些事情一定会发生,我们为了它而不断地努力,不停地思考的话,必然会有奇迹降临在我们身边。

生活就是这样,没有做不到的,有的只是我们想不到的事情。

只有你想不到的,没有你做不到的,从表面上看来这句话显得过于绝对,而生活中越来越多的奇迹、越来越多的发明都是由于一些人敢想,而且他们从来不怀疑自己的想法,更是将自己的想法付诸行动。这就是为什么只有一小部分的人走向成功而绝大多数人依然平凡的原因。

很多年前,会有多少人想到有电的存在,而爱迪生想到了,并且还发明了电灯，使人们学会了利用电能；几十年前谁又能想到无线通信，而现在没有手机的生活相信没有几个人能够忍受；以前我们怎么也没有想到会有网络的存在，没想到网络会走进我们的生活，而现在越来越多的人的工作和生活都要依靠网络。

电视、冰箱、电脑、手机等发明的出现，难道不是由那些人的大胆想象以及对于自己的内心想象的坚持吗？如果他们不敢想象，如果他们心中没有信念的支撑，他们又何以做出种种发明。

事实就呈现在我们面前，没有什么是我们做不到的，而是有很多我们想不到的；如果我们不去想，不敢想，不坚信自己心中的信念的话，我们又怎么能找到方向，又怎么能付诸实践呢？

所以，在生活中，我们也要大胆地想象和求索，只有我们敢于想象、善于想象才会有将想象变为现实的一天，我们才会在后期为想象而做出努力。

然而，我们的想象和内心的信念也不能脱离实际而存在，就像一些人违背物理原理，不顾自然发展规律提出永动机，而到现在那些提出永动机的人们也没有制造出永动机。这就是人们在想象的时候不顾现实，不顾实际而导致的。如果我们还坚信这种不可能实现的想象，如果我们还为这种违背规律的想象而不断行动的话，总有一天我们会走进牛角尖，会撞得头破血流。

我们勇于想象，坚持心中所想，当然，我们的想象也要有可行性，只有这样，我们才能够有更大的舞台用于实现想象。

3. 困难是上帝送给你的礼物

最困难之日，就是离成功不远之日。

——法国近代资产阶级军事家、政治家、数学家拿破仑

她在我们看来是一位女强人，有着自己的一家皮具公司，几百号人都跟着她吃饭，她的公司很大，经常接到很多海外的订单。

就是这样的一个女人，不断地扩大公司的规模，而在一次收购企业中，她遭到他人的欺骗，被人骗走几百万元。这样的厄运降临在谁头上，谁能一下子从厄运中走出来，可是，当她在迷茫、难过的时候，厄运再一次光临她。由于金融危机的到来，外国的很多订单都没了，有一批运送到非洲的货物在即将出海的时候却接到客户的电话，客户说由于金融危机的影响他们不能再要货物也愿意赔偿相应的违约金。一批庞大的货物存放在港口一天也要很多钱，而当她还在为解决这些事情而发愁、迷茫的时候，祸不单行这个词出现在她的世界里，她的公司里员工在取暖的时候，意外引起大火，整个皮具工厂被烧得片甲不留，最终她的皮具公司以这样的结局而走出市场。

一个又一个的困难接踵而至，无论谁都不一定能从困境中走出来,更不用说是一个女人,再怎么坚强的人面对着这些困难也会崩溃,也会受不了这样的打击。她就是这样,在困难面前,没有了以前的强硬,褪去了昔日的洒脱,整日郁郁寡欢,痛苦度日。然而,丈夫和孩子的关心、朋友的鼓励、其他企业的发展再次让她看到生活的希望,在她还顾不上擦干眼泪的时候,就投入到新的生活中,她从保险公司获得一笔不小的赔偿款,她将还没有出海的货物运了回来,租了店铺做起了几年前的生意,她成了一个小店的老板。

她的生活终于走向正轨,虽然生意不是那么多,不过,她读懂了很多道理,她明白生意场上谁都有可能跌入谷底,只要心存阳光就会有希望;她明白困难就是上帝打包好的礼物,等着自己去拆封;她明白只有弄清事实才能行动,鲁莽冲动只会使人陷入困境;她更加成熟也更加珍惜亲人的关心,更加关心亲人和朋友,会利用更多的时间享受生活而不是像以前只懂得工作而没有享受生活。

能从困难中走出来,就是真的英雄,更何况她将生活又看得如此透彻,会更好地生活。比起失去的东西和她得到的,难道困难还不算她的礼物吗?

我曾经看过这样的一句话:没有风浪,就不能显示帆的本色;没有曲折,就无法品味人生的乐趣。我想这位女老板就是从困难中品味到了人生,才读懂了生活,才能重新站起来,再一步一步走向成功,还会在成功的路上走得更远。

如果我们将困难当做我们前进路上的阻碍,不停地抱怨,埋怨上帝对我们不公的话,我们就会很难走出困难。而如果我们将困难当做一件礼物,用信念支撑我们,用一颗积极的心去面对困难的话,我想困难不会在我们的内心留下阴影,我们也会感谢困难让我们懂得的一些人生哲理和生活启示。

困难，是阻碍还是礼物？关键要看你用怎样的心态去面对它，要看有没有信念支撑着你走出困难。

如果我们总认为困难是我们前进路上的绊脚石，如果我们一直逃避困难，如果我们认为困难是上帝忌妒我们的财富、生活、健康，而给我们的惩罚的话，我们就不可能那么顺利地走出困难。即便我们走出困难，它也会在我们心中留下阴影，留下后遗症，我们会因为一次困难和失败而患得患失，我们的身心也会因为困难而有种种问题出现。

我们应将困难看做是上帝给我们的一个未拆开的礼物，而只有走出困难才能打开的礼物，我们用正确的心态去面对困难的话，我们就会从困难中得到很多财富。困难，可以抹去我们的稚嫩让我们变得更加成熟和稳健；困难，可以让我们变得坚韧不是一阵风就能吹倒；困难，使我们懂得更多人生哲理，而不是一直停留在生活的表面；困难，给予我们走出困境的经验和能量，让我们在以后的路上走得更远。所以，那些用信念支撑着的人们能够更快、更洒脱地走出困难，而且获得一笔不菲的财富。

如果我们面对困难总是抱怨上帝不公，总是埋怨社会，或许那些与我们有着同样遭遇的人已经寻找到走出困难的出路；当我们还在为自己遭遇困境而感到难过，不知所措的时候，或许他人已经走出了困境；当我们没有信念支撑的时候，我们会觉得困难就是天灾人祸，而那些坚定信念的人却能从困难中得到很多人生感悟。那么，我们为什么还不把困难当做是上帝给予我们的一种财富和人生大礼呢？

撇下这些不说，生活中有谁能一帆风顺地走过一生呢？谁不会在人生之路上摔几个跟头呢？谁不会遇到各种困难呢？往往那些成功

的人，那些表面上看起来亮丽光彩的人，他们的背后隐藏着我们看不到的辛酸和努力，他们也曾经历过我们所不能想象、不能体会的困难和遭遇。然而，他们还是走出了困难，走向成功，在成功之路上走得更远。比如，我们都熟知的张艺谋、刘翔、周杰伦等。

没有信念的人，是不会顺利走出困境的；不能坚持信念的人，是不会正视困难的；不保持平和心态的人，是不会从困难中得到些什么的；我们只有将困难当做礼物来对待，我们才能从困难中得到它带给我们的快乐和财富，日后，我们才会对困难有所感激。

4. 看准自己的路，它一定属于你

你们为我安排的路，总是让我迷路。

——小唐(出于90后李宁广告语)

她是一位普通的不能再普通的女孩，与其他工薪家庭中的女孩没有什么大的区别，但是在中学的时候，她的人生发生了巨大的改变。

在一次看书的时候，她被一本摄影书上美丽绝伦的照片所吸引，因此，她对人生有了不一样的想法，也看准了自己未来的路。十五六岁，是所有人都十分叛逆而且冲动的年龄，她也是这样，就是因为那些照片，她做出了一个令所有人都诧异的选择：怀揣着积攒的3 000元的压岁钱，留给爸妈一封信就来到了北京的一个摄影学校，开始了她的梦想之旅。

人们常说，梦想是丰满的，而现实是骨感的。在她去北京的时候，只有3 000多元钱，还不够交学费的，而她又没有专业用的摄影相机。就是在这样的情况下，她毅然坚守着自己心中的那个信念，她以爸妈出国为借口让学校给了一些宽限的时间，她对梦想的执著和不屈，说服一个酒吧老板给了她一份工作，就是在这样半工半读的情况之下，她迈着梦想的脚步一直在前行。

最终，她的付出得到了回报，在毕业前夕，她向同学借了2 000多元钱，只身一人来到西藏，就是为了要拍到最好的照片，而她的这份魄力也使得她拍到最美的照片，最终获得了学校的摄影大奖。

毕业之后，她顺利在一家摄影公司里工作，有着十分优厚的收入，成为许多大学生羡慕的白领阶层。然而，她在为自己举办一个小小的摄影展的过程中，得到很多人的赞美的同时，也遭到少数人不屑的眼光。从中，她得知能够自如地在海底摄影，才是摄影的高境界，她的这个小小的摄影只是在摄影界里的小打小闹。

是开始海底摄影还是选择优厚的摄影工作成为她需要面对的难题。她徘徊过、挣扎过，最终，她又一次做出了让人诧异的决定，她放弃了目前的摄影工作，来到南方的大城市，到了一个有着巨大海洋馆的旅游景区，她以免费为景区拍照为由恳求景区的老板给她一个每天下水拍照的机会。

开始的时候，她下水，连相机都拿不稳，拍的照片也让老板十分生气，于是，老板向她索要赔偿。然而，她并没有放弃，虚心像那些在水底拍照好的摄影师学习水底拍照技巧。终于，在长达一年多的学习时间里，她最终掌握了水底拍摄的技巧，而且她还带着她的水底照片参加了香港的一个摄影大赛。最终，她如愿以偿地获得了第一名，这时，她才给父亲打了电话，告诉他自己的成绩，也有了更好的工作。

如果没有看准自己前进的路的话，她也许会像其他女孩一样，有一个简单快乐的童年，有着其他女孩都会有的雨季，也许，她也会像其他女孩一样有一段美好青春的初恋。可是，她放弃了这些而选择了她所喜爱的东西，选择了追逐梦想，就是因为心中有着这样的梦想，才指引她做出一个又一个大胆的决定，才指引她坚持着走下去。

如果，我们不知道自己想要什么，不清楚自己前进的方向的话，我们和水里的浮萍又有什么区别，只会度过左右摇摆的一生。只有认准自己的路，有目标、有信念，才会找到走下去的路途。

人们常常会说这样的一句话，有爱就有希望。在我看来，有信念才会有希望。

人生是一条流淌的河流，我们不能没有方向。

没有目标、没有方向，不知道自己前进之路的人生，就像漂泊不定的船只，我们不知道我们要到达哪里，我们不知道哪里才是岸边，我们只是这里看看、那里瞧瞧，到最后也没有自己的终点，也没有获得成功。

只有认准了脚下的路，只有清楚自己要往哪里走，只有明白自己的目的地是哪里，我们才会朝着它一直走下去，即使在途中迷了路，也会很快地回到正确的轨道。只有这样，我们才不会一味地羡慕别人的成功，为自己的人生旅途哭泣；只有认准了脚下的路，我们才会告别迷茫和随波逐流，我们才会拥有属于我们自己的路，我们才会一步一步地走向成功；只有认准了脚下的路，我们才能正确地走好每一步，而不是走错了路，回过头来再走一次。

人生就短短的几十年，生命不会给我们重新来过的机会，我们也不会像玩游戏那样走错了可以申请悔棋。所以我们都要问问自己梦想是什么，目标是什么，信念是什么，在我们走每一步的时候，我们都要扪心自问是否与心中的信念，与梦想渐行渐远。只有这样，我们才会更加踏实地走好自己路途中的每一步。

我国年青一代大多都会经历 20 多年的求学历程。从古到今，人们都想通过十年寒窗苦读而读出什么名堂来，这样的思想早已根深蒂固；然而，如今的大学生遍地都是，我们受教育的程度也越来越高，可

是，大学生找工作难的问题也越来越突显；于是，又有很多大学生盲目跟风考研、出国留学、考取各种证书，可是，到头来还是面临着工作难的问题。我们要受到良好的教育这一点并没有错，我们要学习也没有错，但是，我们要明白，我们现在的学习，我们走的路是我们想要走的路，还是为了生存而不得已选择的呢？

工作难找，依然有很多人突破了这一道障碍，走上了属于自己的路，他们的学历也不高，他们的知识水平并非比我们深，可是，他们就是成功了，为什么？因为他们有目标，他们有着执著的信念支撑着他们走下去的。比如，没有读过研究生的徐鹤宁，成为了人们心中的销售女神；只读完初中的李嘉诚，成为人们羡慕的富翁；大学没有念完的比尔·盖茨，成为世界级的成功人士等。

列举这些事例并非是让年轻人放弃学业，接受教育是我们每个人必然要经历的事情，谁都不能少了这一步；而当你完成了学业要往更深处发展时就要清楚自己为什么在继续深造，是因为喜欢这门学科想做出更大的成绩，还是减轻自己事业之路的阻碍。

所以，我们只有认准了自己的路，清楚自己想要的是什么，有着强烈的信念，我们才能找到一条真正属于自己的路，而不是一直被别人安排着平庸地走完一生。

5. 坚持到底，你就会成功

今天很残酷，明天更残酷，后天很美好，但是绝大部分人是死在明天晚上的沙滩上。

——阿里巴巴总裁马云

我想作为国人，不管看没看过2006年意大利都灵冬奥会，绝大多数人都知道张丹、张昊这两个简单的名字，都知道张丹、张昊的表演，都为张丹、张昊的坚持而感动。

张丹和张昊就是2006年意大利都灵冬奥会双人花样滑冰项目的银牌获得者。然而，这一块银牌的背后有着更令人感动的故事，也比其他奖牌更有价值。

当张丹和张昊以优美的姿态滑翔在冰面上，当人们还沉醉在他们美丽的姿态中时，当张丹在完成高难度的“后内接环四周抛跳”动作的时候，张昊在角度的掌握上稍有偏差，而张丹在转到第四圈的时候也有些犹豫，在落地的时候，张丹两腿劈开重重摔倒在冰面。在一声“噢”的尖叫中，所有人都在为他们紧张，为他们担心。尖叫过后是一片沉寂，张丹露出痛苦的表情，在张昊的帮助下爬了起来，两人的比赛也因此而中断。

多少人的担心和疑问在三分钟后张丹再次出现在滑冰场而打消，张丹坚持着以高质量的动作完成了剩下的动作，每当他们完成一个有难度的动作，都会得到现场观众雷鸣般的掌声。那晚，他们不是在比赛，不是在完成四年才有一次机会的表演，而是将奥林匹克运动会的“更高，更快，更强”的精神完美展现。

他们感动了现场的观众，感动了电视机前的观众，感动了全世界，最终也得到了一份令人满意的答案：奥运会银牌。而在现场观战的国际奥委会资深委员何振梁也说：“他们两个都是英雄。”

面对难以忍受的疼痛，休息、治疗是每个人大脑中最先反应出来的字眼；面对在比赛中的重大失误，与金牌失之交臂，失败是每个运动员都能预见的事情；然而，张丹却坚持完成了剩下的动作，即使已经与金牌无缘，可是，这是四年才有一次的奥运会，哪一位运动员也不会、不想轻易放弃。即使没有金牌也要将苦练四年的精美绝伦的舞姿完整的演绎，这是每位运动员的终极目标。

有谁能说张丹、张昊失败了呢？有谁不为张丹、张昊而感动呢？他们的坚持就是对于奥林匹克精神和成功的一种最完美的诠释，因为奥林匹克不只是奖牌，而是它背后的精神，张丹和张昊不正是做到了这一点，将奥林匹克的精神展示出来了吗！

在面对很多事情的时候，坚持到最后就是成功，坚持到最后才是最大的赢家；有很多事情，看似已经接近失败的谷底，看似没有转机，但只要我们坚持，只要我们不放弃就会看到希望，就会有奇迹发生；很多情况下，只有我们坚持才会看到成功的曙光，只有我们坚持才能等到好的消息，才能看到明天的阳光。

一切都因为坚持而变得美好，一切都因为心中坚持的信念而靠近成功。

当我们认准了自己的路,知道自己要往哪里走的时候,而且也在朝着自己的梦想和目标前进的时候,我们要做的就是坚持,我们要有的就是坚持的信念,只有坚持才不会使我们的梦想和目标在头脑中腐烂,才会实现心中的追求;只有我们心中的信念,才能支持我们一直走下去,才会尽量减少"挖井九仞,尤为弃井"的出现。

在登山的过程中,我们只有爬到山顶才能欣赏到整个山下的美景,才会欣赏到那些在山脚或者山腰也看不到的美丽;虽然,爬山的过程十分辛苦,可是,只有我们坚持下来,我们才能看到美丽,只有我们坚持下来,我们的努力才没有白费;只有我们坚持下来,我们才会用一整座山顶的美景与疲惫、无力、饥饿等做交换,而且我们获得的远远要比我们放弃的东西多。

而如果我们在中途放弃,我们只会一直羡慕那些登上山顶的人,羡慕他们看到山顶的美景;如果在中途放弃,即使他人将山顶的美景完全地呈现在我们面前,感同身受的感觉也不会出现;如果在中途放弃,我们之前付出的一切都不会有任何回报;如果中途放弃,我们还是一无所获,重新再来的话,还是要走过这一段路途;如果中途放弃,我们只有带着遗憾离开,不会得到鲜花和掌声也不会有成功的喜悦。

在生活中,无论我们做什么事情,都要想到登山,如果开始了登山之旅,就要做好一切准备,就要为看到山顶的美景而奋斗,就要考虑到途中的各种危险,要考虑到途中的各种各样问题的出现,就要坚持。只有坚守心中的信念,我们放弃的几率才会越来越小;只有为了目标的坚持,才会推动我们走向终点。

所以,我们一旦有梦想,我们就要坚持,我们就要坚定信念,不要因为一时的困难,就左右摇摆。只有支持走下去,我们才会成功,我们才会像马云那样,看到后天的美好,才会享受到后天的美好。

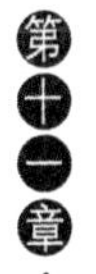

第十二章

相信自己，没有比你更高的山

世界上最高的是什么？山川？映入你大脑是喜马拉雅山吗？世界上最长的是什么？河流？你会想到哪里的河流呢？

其实，再高的山，我们都能够攀登过去，通过努力将它踩在脚下；再长的河流，我们都可以跨越，通过智慧达到横渡……因此，再困难的事情都无法对我们的“成功路”产生威胁，造成阻碍。

因为，只要我们坚定地相信自己，那么不论什么样的困难都会显得那么渺小……

我们要相信自己，只有相信才能给我们力量，才能让我们战胜困难，才能带着我们走向成功。

1. 其实，你就是上帝

哥伦布发现了一个世界，却没有用海图，他用的是在天空中释疑解惑的“信心”。

——美国女作家桑塔雅娜

曾经在报纸上看到一位外国老太太的故事，深受启发，也产生了深刻的思考。

她虽然已经是80多岁的高龄了，年轻的时候只是忙于工作，一直没有完成自己的梦想，也没有时间追逐自己的梦想，而现在人生进入暮色，可是，心中的愿望越是不完成，她就越觉得遗憾。所以，她做出了一个决定，不能带着遗憾离开世界，要学会钢琴，而且她充满自信。

在她的邻居们看来，这位老太太多少有点精神不正常，然而，她的丈夫却非常支持她学钢琴，她也十分自信自己一定能够学会。

最开始的时候，她学起来问题很多，对于80多岁的老人而言，手指不像年轻人那么灵活，记忆力也下降得十分厉害，有很多时候为记住几个键，她得花比别人更多的时间，她会更加用功的练习。

她每天在练习的时间，邻居也会因为她弹出的噪声而拜访过她很多次，她的很多朋友也劝她放弃，而她却不屈地说：“我为什么要选择放弃，我还有意识，我还能够学习，上帝不能够阻挡我的梦想，这次我要做自己的上帝，我要决定自己的命运。"

她的坚持得到了朋友们的认可，邻居们每天听到她的噪声也慢慢习惯了，有时候会发现噪声也不那么难听了。因为，她不断地学习，不断地练习，琴技得到了很大的提高。

直到有一天，到了噪声开始的时刻，邻居约翰却没有听到琴声，他对妻子说："亲爱的，今天是不是少了点什么，为什么我会这么不习惯？哦，见鬼。"

而他的妻子却说："哦，我也这样觉得，似乎有些不太正常，让我想想，呃，我知道了，是玛莉的琴声，不是吗？"

"哦，上帝呀，她今天怎么没有弹琴？她的琴声似乎比以前更加动听、美妙了，少了琴声，今天真的不太习惯。"

一年之后的一天，玛莉给邻居们献上了她弹奏的钢琴曲，她用生命中最后几年的时光实现了自己的愿望，让所有人都十分诧异，而更多的是对她的认可和赞美。她也不会再有什么遗憾。

从这位老太太身上，我们可以看出她对于自己梦想的坚持，对于自己命运的把握，而不是一味地相信上帝，和常人一样一直走到生命的尽头。

我们也有着自己的梦想，我们也不想就这样平凡地走下去，可是，就是因为很多人不相信自己，不相信能够改变命运而一直平凡下去。

命运是掌握在自己手中的，没有人能够给我们安排，没有人能够什么事情都帮助我们做出决定，所以，我们要自己扼住命运的咽喉，做自己的上帝。

这个世界上没有什么命运，也没有上帝指引我们的路途，我们的

每一步只能由我们自己来走,我们的方向也只有我们自己决定,我们就是自己世界里的国王,我们就是自己的上帝。

我们只有相信自己,拥有梦想,才能摆脱命运的束缚,我们才能够实现自己的梦想,我们能够扼住生命的咽喉,我们不会一直羡慕别人的成功和美好,而埋怨上帝对于你的不公。那些成功者也是自己做自己的上帝,不停地奋斗和努力,相信自己,相信梦想才能自主掌握命运,才能拥有更加美好的明天。

在国外,很多父母都会让孩子们自由发展,只要他们不违法,只要他们喜欢,他们就可以做他们想做的事情,学他们感兴趣的东西。或许,这就是为什么外国人比我们有着更加发散的思维,为什么他们能够在多方面都做出成就的原因吧;而在我国,孩子们必须在家长的安排下,学习着大人们喜欢的东西,学习着大人们认为有前途的内容,虽然,孩子们每天都在学习,虽然,他们周末还要参加各种补习班。可是,有很多并不是他们想要的,也不是他们所喜欢的。为什么不还他们一片自由的天空呢?为什么不让他们选择自己喜欢的东西呢?为什么要对他们做出种种要求呢?

我们总是要自己把握自己,做自己的上帝,不想听从别人的安排,想走自己的路;然而,年轻人是祖国的花朵,是我国强有力的建设力量,他们也应该成为自己的上帝,做着自己真正喜欢的事情。只有这样,他们才能有所成就,他们才能主宰自己,他们才能给社会交出一份满意的答卷。

只有相信自己,只有将“我的青春我做主”视为自己的格言,我们才能够在人生道路上有着更加出色的成绩,我们才能够走得更远,在我们离开这个世界的时候,才不会有更多的遗憾和后悔。

2. 创造奇迹的那个人就是你

深窥自己的心,而后发觉一切的奇迹在你自己。

——英国思想家、哲学家、作家弗兰西斯·培根

他被誉为“世界第一 CEO”,他创造了一个企业的神话,引领一个企业走向辉煌,在他退休之前,他的自传又以 700 万美元被美国时代华纳公司购得在北美的版权。这样的一生就是一个传奇故事,他就是 GE 的前任 CEO 杰克·韦尔奇。

在杰克进入 GE 的时候,GE 已经有了 100 多年的历史,企业受到十分严重的官僚之风影响,他在其中也深受不良影响,因为他的上司给他了一句保证,他才没有离开 GE。

他来到 GE 的第一项任务就是寻找制造 PPO(一种用于化工的新材料)的示范场地,他与另一位化学专家建成了这样的工厂。而 PPO 是一种看似不起眼的材料,却很难塑造成型,所以,人们不看好它的市场。然而在杰克的坚持之下,终于研制出了一种在高温下容易塑造成型而且有很高强度的材料,他将它称为“诺瑞尔”。

在 1965 年的时候,企业又根据杰克的建议决定投资1 000万美元,建立一座诺瑞尔的加工厂，而诺瑞尔会有怎样的市场谁都无法预料。由于杰克在前期PPO的研制中有着出色的表现，他对PPO充满信心。在没有带头人的情况下，杰克抓住这个机会，成为了这个工厂的负责人。

他很清楚，这是一场艰辛的战斗，但是，他对诺瑞尔的自信，让他开始了一场塑料代替金属的一次大革命。也由于诺瑞尔的成功，将他推向GE最年轻总经理的位置。

而在杰克成为GE年轻的CEO的时候，他也对GE进行了大胆的改革，砍掉25%的企业，消减10多份工作，减少管理层次，替换中、高层管理人员等一系列措施。这时，正是其他一些知名企业宣传雇员终身制的时候。面对着别人的质疑，GE凭借着1999年1 110亿美元的销售收入和100多亿美元的盈利得到了所有人的认可。

不止这些，杰克的其他一些行动，共同谱写了GE的神话，创造了GE的传奇。

创造GE传奇的人物是杰克，他的大胆上任，他大刀阔斧的改革就是因为他的自信，他对自己的一种肯定，就因做到了这些，他才能谱写CE辉煌的篇章。

为什么同在GE工作的员工，别人没有创造奇迹而杰克做到了这一切，就是由于杰克对于自己的肯定。世界的奇迹并非都只有杰克才能创造，我们也可以成为第N个创造奇迹的人，只要我们相信自己，只要我们满怀自信。

为什么偌大的一个世界，能够拥有巨大财富的只有那么几个人？为什么几十亿的人群中，只有少数人戴着成功的光环？为什么我们不

能够做到那些?

要想获得财富,要想赚得第一桶金,我们只有相信自己,相信自己是奇迹的缔造者。只有这样,我们才不会一直看着别人的光环,自己越来越暗;只有这样,我们才不会等着别人创造奇迹,我们才会行动起来。

就像鲁迅曾经说过:这个世界本没有路,走的人多了,也就有了路。这个世界也没有什么人不能够创造奇迹,只要我们相信自己,只要我们行动,我们也能够创造奇迹,我们也能够获得成功。

只有那些相信自己的人,自己去做的人才能够创造出奇迹,才不会等着别人创造出奇迹,给他人鼓掌。

我们都知道的发明大王——爱迪生,就是这个这样的人,如果他不相信自己,那么在遭遇1 000多次的失败之后,他还会站得起来吗?如果他不相信自己,又怎么完成如此之多的发明创造,又怎么会创造出一个又一个的奇迹!

我们除了要相信自己还要懂得抓住机会,如果只有自信而没有机会,而且不懂得抓住机会的话,我们的自信只会一点一点地消磨;没有机会的话,我们永远不会有创造奇迹的那一天,我们不会取得成功。

所以,当机会来临时,我们要全力争取,只有取得了机会,才会有展示才能的一天,才能够创造奇迹。

只有相信自己,只有懂得把握机会,我们才会成为下一个奇迹的创造者。

3. 天生你才必有用

自信人生二百年，会当击水三千里。

——我国第一任主席毛泽东

一个大型跨国企业曾经在进行招聘的时候，有一件这样的事情出现。

招聘的工作岗位要求熟练掌握3种以上语言，而且要有很强有口语交流和表达能力。面对着如此严格的语言要求，前来应聘的人员很少，有的人甚至不敢来面试。

我国的一位应聘人员来面试了，他是一位应届高校毕业生，十分优秀，熟练掌握4种语言，也有着十分流畅的语言表达能力。只是他在面试的过程上，显尽了我国的优良传统，他十分谦虚，企业招聘人员问道："你感觉你的口语表达的水平如何？"

他说："我感觉还可以，我能够与人们进行正常交流……"

招聘人员："你能够掌握这么多种语言，你对这项工作有信心吗？"

他说："每一项工作都是考验人的能力的，每个企业招聘的人员的具体要求也会有很大的不同，有没有信心也不是我能够决定结果的。"

招聘人员："那好吧，感谢你选择这个企业，请您回去等通知吧。"

而第二位应聘人员是一位外国人，他无论到哪个地方，都十分自信，虽然，有时候他过于自信，妄自尊大，不过，这也有好处。

招聘人员："你只懂得3种语言，符合我们企业要求的下线，你对于自己的能力做何评价？"

应聘人员："只会3种语言并不代表着比那些会很多种语言的人有很大的差距，我熟练这3种语言，而且能够与客户进行深层次的交流，这样会比那些只懂得皮毛的人员更有优势吧！"

招聘人员："你觉得你胜任这份工作有多大难度？你会觉得有很大压力吗？"

应聘人员："哦，我本人十分有信心，我相信我自己的能力，我相信我能为企业带来满意的答卷；每个人在面对一份有着巨大诱惑力的工作都会存在很大的压力，可是，也就是因为有很大压力，才能更刺激，才会更有挑战性……"

而最终，这一位外国应聘人员获得了那份工作，即使他并没有我国的那位求职人员掌握的语言多，即使他并没有我国的那位应聘人员的语言熟练。可是，他对于自己的自信，他对于自己能力的肯定，足以让企业的招聘人员信任他，从而使他获得这份工作。

其实，很多企业在面对同一个工作岗位的时候，并不会在工作能力上存在较大的差别，而那些能够胜任一份工作的人往往有着一般人不具备的优点。而很多时候，一个人的自信，对于自己能力的信任，会得到招聘人员的欣赏，博得招聘人员的认可。

在很多时候，只有我们相信自己的能力，相信自己的才能，才能拥有机会，才会获得更大的舞台展示自己。

每一个人的价值都不能用一个具体的数字来衡量，每个人的能力

都不能用学历、成绩、各种证书来做一个衡量。因为,人的潜能是无限的,谁也不能确定明天会发生什么,谁也不能因为一方面的缺陷而将一个人打入谷底。

而如果我们要避免被别人拒绝,得到别人的否定的话,让别人相信自己的话,就只有自己先相信自己;只有自己相信自己的能力和价值,别人才会投以信任,才会给我们一个展示自己才能的机会。

在一场面试中,如果我们有很强的能力,只是我们不擅长表达,我们不懂得怎样展示自己的才能,我们紧张、害怕的话,别人会相信你的能力吗?别人还会相信你所说的话吗?你还会获得一份不错的工作吗?不会!因为你让招聘人员看到了你内心的紧张,你让他们窥视到了你内心的不自信,你让他们对你的能力产生了怀疑。如果这样的话,招聘人员必然不会选择你。

只有相信自己的能力,相信自己的实力,我们才会减少内心的恐惧,我们灵活自如地面对这一切,才能更好地展示和表达。

曾经有一个女孩,她只有高中毕业,当她在进行一场面试的时候,招聘人员看到她的学历就直接拒绝了她,而且她也接近30岁,招聘人员更不满意。然而,她并没有因此而退缩,她说:学历只代表着一个人的受教育程度,对于这份工作而言,工作经验则是更为重要的因素,而且一个刚出学校的孩子是不可以胜任这样的工作的;年龄,只代表着一个的社会阅历和工作经验的程度,无论哪一个企业都不想将工作交给一个心智还未成熟的人吧,说着,她还拿出她发表的学术性文章。最终,她获得了这份工作。

我们可以看出,学历、年龄、背景等都会在自信面前黯然失色,只有相信自己的价值,我们才能够得到机会,才会有更宽广的舞台来演绎我们的才能。

4. 满怀希望，你就会将困难踩在脚下

永远没有人力可以击退一个坚决强毅的希望。

——19世纪英国作家、诗人金斯莱

从小到大，舞蹈就是她的灵魂，舞蹈能够给她带来快乐，她能够从舞蹈中得到她想要的东西。在舞蹈中，她也能放弃痛苦，变得优雅而安静；可是，生活中总是有很多令人不满意的地方。

十九岁的时候，一次意外的车祸，使这位还处于花季的少女失去了右臂；而一直热爱舞蹈的她只好通过舞蹈来发泄内心的郁闷与痛苦。可是，少了一只手臂，在练习舞蹈的时候，是很难保持平衡的，很多以前她熟练的舞蹈，她都再也不能完美地展现；一支舞蹈中会出现多次摔倒，她因此哭泣过，因此绝望过，可是，正是她对于舞蹈的喜爱而致使她不断地跳舞，摔倒了再爬起来。有时候，一个以前十分简单的舞姿她都要再练习很多遍。最终，她对舞蹈的热爱和内心的希望支持着她既能够保持身体的平衡，又能够跳舞。

而他在四岁的时候，因为一次意外，从此他就开始了单腿前行的日子。在他长到成人的时候，他成为了一位自行车运动员，每天从事

着自行车训练。

就是由于一次意外的邂逅，让两人的命运联系在了一起，她对他说："我要找的人就是你。"说完这句话，他被吓了一跳。当然，最后他才知道，她是要寻找一位左腿高度截肢的男人和她一起完成一段美丽的舞蹈。

他以前没有从事过舞蹈的训练，身体没有什么柔韧度，两个人都是残疾人。在排练舞蹈的时候，在正常人看来一个十分简单的动作，他们却很难完成，他们要练很多次。然而，他们不怕摔跤，她内心的希望，让他不忍放弃，让他更加坚定，就这样，两人一直坚持着，一直摔到最后，终于向观众们呈现出了一段精美绝伦的舞蹈。

2007年的时候，他们的舞蹈获得CCTV舞蹈大赛中的银奖，而他们分别是马丽和翟孝伟，他们的《牵手》征服了很多人，《牵手》也演绎着完美。

很多人们都说，他们的舞蹈完美得让人忘记了身体的残缺。马丽和翟孝伟虽然都身带残疾，但是，两人可以在同一个练功房，同一个屋檐下彼此扶持、共同努力。在《牵手》中，翟孝伟扮演着马丽的右臂，而马丽则是翟孝伟的左腿，两人创造了完美，感动了人们。

如果马丽内心没有希望，或许就没有了《牵手》的传奇；如果他们对于梦想不存在希望，也不会感动那么多人。

每个人只有心存希望，就一定会看到明天；只要心存希望，就一定能够把困难踩在脚底，就一定能够获得成功。

所以，我们每个人在生活中，都要给希望留一个位置，让希望带着我们飞得更远，让希望给予我们战胜困难的力量。

其实，在生活中，我们面临的最大困难不是别人，也不是困难本

身，而是我们自己。我们的胆怯，我们的害怕，我们没有战胜困难的勇气，这一切都是因为我们内心没有希望，而且带着悲观看待困难。

曾经有人说过这样一句话：困难像弹簧，你弱它就强，你强它就弱。生活中，就是这样，没有什么翻不过去的山，没有什么蹚不过去的河，关键就看你敢不敢去蹚，敢不敢去翻过满是荆棘的山。

在困难面前，其实，并没有所谓的强者，而我们之所以认为有些人是强者，是因为他们充满自信，充满希望。只要心存希望就没有过不去的坎，就没有战胜不了的困难。如果在困难面前，我们还在为彼此找借口，如果我们还在推脱责任，悲观地面对困难的话，我就只能是弱者，我们也不可能寻找到出路，不可能尽快地走出困难。

有多少人，能够走出困境，克服困难难道不是因为充满希望，满怀信心吗？地震来临的时候，有多少人被埋在地下，他们没有悲伤，他们来不及哭泣，他们都在相互鼓励，他们相信一定会有人来救他们，他们内心充满希望。所以，他们战胜了黑暗、战胜了饥饿、战胜了内心的悲观和恐惧，最终，他们在没有任何食物的情况下创造了一个又一个奇迹，直到获救。

试想一下，如果那些人的肉体还没有死，而他们的心先行死亡的话，那么，他们还会等到救援队伍救援的那一天吗？如果心中没有希望，我们的心脏很快就会停止运转，就不会有奇迹出现，就不会战胜这些困难。

有很多困难只是对我们的考验，我们只有充满希望，才能平安度过；就像经历金融危机之后，多少企业就此跨下，多少员工没了工作，然而，他们并没有气馁，并没有向困难妥协，他们积极寻找出路，寻找企业的明天，很多企业不是也平安过冬了吗？

别人能够战胜困难，我们也可以！别人能够度过困境，我们为什么不行？只要我们心存希望，就一定能够将困难踩在脚底，就能成为真正的强者。

5. 自信就是你成功的钥匙

人必须有自信，这是成功的秘密。

——英国电影喜剧演员、导演、制片人卓别林

他，带着坚韧，带着自信在成功之路上走了很远，而且成为很多人的榜样，也让那些曾经嘲笑过他的人为他竖起大拇指。

1999年的时候，他开始进军汽车行业，他要造汽车，而得来的却是行业内人们的嘲笑，可是，他并没有因为别人的几句嘲笑而失去信心。他说，造汽车有什么难的，不就是4个座位，4个轮胎加上一个发动机吗？别人能做，我也能做。

就是带着这样的一份自信，他的第一款汽车生产出来，那时候，其他的汽车最便宜的也在10万元以上，而他生产的汽车只售四五万元。除了价格让人震惊以外，还有更多人说，吉利是将低质量、低价格的汽车送入市场。尽管这样，也不足以打倒他，他说，我要造老百姓买得起的汽车。

尽管行业内很多人士依然怀疑吉利的能力，吉利的质量，但是他一直在努力，当有一天他当着新闻界的面说：要投入3亿元生产汽车。

这又引来了人们对他的嘲讽，因为在他人看来3亿元对制造汽车而言是一个多么微小的数字，3亿元究竟能做出点什么，我们不知道。可是，吉利交了一个又一个满意的答卷，吉利自由舰、吉利金刚、吉利远景、上海华普等八大系列30多个整车产品，通过国家3C认证，而且，很多汽车还达到欧洲的不同排放标准，成功进军国际，道路一片光明。

在2009年年底，吉利又与沃尔沃达成协议，成功收购了沃尔沃，成为了全球的焦点。吉利的远景也让行业内的人们看到吉利正向高端汽车进军，不再只是停留在“低质量，低价格”的阶段。

他就是李书福，吉利集团的创始人、董事长。他成功后，在一次接受记者采访的过程中，他表明自信对于他人生的影响，面对着人们的嘲笑和质疑，再怎么难过都不可能解决问题，自信在不断地给我力量。

他就是这样一直向人们演绎着传奇，他向人们展示着自信的力量，自信对他的影响；如果没有自信，即使他还会成功，在成功的路上必然会接受更多的考验，必然要承受更大的压力，或许也会在中途放弃。

无论是谁，无论取得怎样的成功，都要有自信做依靠，都要有自信这把钥匙。只有自信，只有无条件地相信自己，我们在前进的路上才会更加勇敢，才会有更加强硬的心理去面对未知的一切。

成功，每个人都渴望，可是，并不是每个人想做到就能够做到。成功者应该具备的一个必要因素就是自信。

无论是谁，只有相信自己，才能踏上成功的征程；只有充满自信，才能够开启成功之门。生活中，数不胜数的成功者，如果他们不相信自己，总是对自己的决策、自己的行为产生怀疑的话，他们还会获得成功吗？他们还会有成功的光环吗？不会！

只有充满自信，我们在成功之旅中才不会畏缩；只有充满自信，我们才会相信自己的能力；只有充满自信，我们才能够战胜前进路上的困难；只有充满自信，我们才能够创造奇迹。

在我看来，自信是成功者的通行证，自卑是失败者的墓志铭。

股神巴菲特在进行每一次投资的时候，除了进行严格的衡量和考察之外，还有的就是自信。他相信自己的判断，他相信他对于一个企业的了解，他相信他对市场的敏锐程度，才会在今天做出一次又一次的成功投资，才会囊括很多人一辈子也挣不到的财富。

不仅是这些有着巨大财富的人如此，我们身边的人也是这样。无论是一个大的成就，还是小的跨越，都需要我们自信，都需要我们完全相信自己。只有这样，我们才会变得勇敢，我们才能够一直走下去直到成功。

曾经，有一位小女孩，因为家里贫困只能一直用父亲变卖家里东西买的二手小提琴，每当老师教授课程的时候，她总是十分认真地听，回到家中，也十分刻苦地练习；然而，在学校举行比赛的前夕，她仅有的那把小提琴，也意外摔坏了，到了比赛的那天，她虽然沮丧，但看到其他同学在拉小提琴，她也告诉自己：自己是最棒的，自己一定能够成功。就这样，她空着手上台，没有小提琴，她也认真地弹奏，最终，她感染了台下所有的人，所有人都投以掌声。

这就是自信的力量，这就是自信带来的成功，如果，她畏惧了，如果她担心了，她不可能感动所有的人。

没有背景不可怕，没有创业资金不可怕，没有学历不可怕，可是，我们不能没有自信，我们不能不相信自己。如果没有了自信，再好的条件，再有利的外界因素也起不到任何作用，我们不可以依靠那些无关紧要的东西来取得成功。